例題で学ぶ

はじめての
電子回路

早川 潔 著

技術評論社

はじめに

　CPUの処理速度向上やAI（人工知能）の発達により、人間に近い頭脳がコンピュータに備わりつつあります。それに伴い今後は、人間の目などの五感に代わるセンサー技術やそれをコンピュータに取り込む技術が必要になります。センサーで感知した微弱信号を増幅してコンピュータに取り込むには、電子回路が重要な役割を果たします。

　本書では、信号増幅を中心に電子回路を説明します。電子回路は、トランジスタやダイオードなどの非線形素子で構成されます。この「非線形」というのは、簡単にいうと「素子の特性が、（オームの法則のような）簡単な式で表しにくい」ということです。したがって、本書では、なるべく素子の特性を近似して、簡単な式にして、電圧や電流の値を求めやすくしています。また、電子回路は、複雑な回路になりがちなので、機能毎に回路をブロック（塊^{かたまり}）として扱う方法を説明します。

　本書の各章における概要は、次のようになります。

　1章では、2章以降で必要な基本事項を説明します。回路図の基本的な書き方から始まり、電圧・電流計算で必要な回路法則を説明します。また、電子回路の動作を理解する上で必要な素子特性のグラフの表し方について説明します。

　2章では、ダイオードについて説明します。ダイオードの特性である整流作用を物理的かつ簡単に説明し、ダイオードの特性を活かした回路を紹介します。また、近似を使ったダイオードの等価回路について説明します。

　3章と4章では、トランジスタの特性を説明します。また、実際の信号波形とトランジスタの（近似）特性グラフを使って、増幅動作を説明します。

　5章では、トランジスタとほぼ同じ動作をする回路をhパラメータ等価回路で考え、その等価回路を使った増幅度計算を説明します。また、トランジスタを含む複雑な回路を簡単な回路にモデル化（回路ブロック化）して、簡単に計算する方法を説明します。

　6章では、3つの接地回路を紹介し、それらの接地回路のhパラメータ変換や増幅度計算を行うことにより、接地回路毎の特徴を説明します。

　7章では、バイアス回路について説明します。トランジスタ増幅回路は、直流をある程度流さないと動作しないので、その直流電流やその源である直流電圧の回路を紹介します。

　8章では、9、10章で説明する多段結合増幅回路で必要な基本技術について説明します。デシベルやトランスを用いたインピーダンス整合を説明します。

　9章と10章では、CR結合増幅回路とトランス結合型増幅回路について説明し

ます。CR結合増幅回路では、全体的にみて増幅度を計算する方法と1段ずつ回路をブロック化して計算する方法を説明します。トランス結合型増幅回路では、大振幅増とトランスを使ったインピーダンス整合の方法を中心に説明します。

11章では、電力増幅回路について説明します。電圧増幅回路と電力増幅回路の違いを説明した後、A級とB級の電力増幅回路を説明します。

12章では、負帰還回路について説明します。負帰還回路の4パターンについて、入出力インピーダンスと増幅度の特徴について説明します。また、4つのパターンのうち、2つのパターンについて、入出力インピーダンスと増幅度の導出方法を説明します。

13章では、オペアンプについて説明します。オペアンプの特性について説明し、オペアンプの回路で重要な概念であるバーチャルショートについて説明します。また、オペアンプを使った増幅回路や演算回路を説明します。

14章では、MOSトランジスタについて説明します。MOSの構造から動作原理を説明します。また、MOSを使った増幅回路について、等価回路を使って電流・電圧を計算します。さらに、MOSの論理動作についても説明します。

15章では、トランジスタのさまざまな使い方について説明します。論理動作、差動増幅回路、$DC-DC$コンバータなど電圧増幅回路以外のさまざまな使い方について説明します。また、マイコンとトランジスタの接続について簡単に説明します。

本書は、工科高校(または高専)3年生から大学(または、高専・高学年)までの電子回路を学習するために執筆しました。電子回路初心者は、1章から読み進んでください。13章以降は大学生向けに少し難しい回路(でも、1章から内容を理解していたら、問題なくわかる回路です)があり、ページ数もほかの章に比べて多いので、前半だけ理解してください。また、ある程度回路を勉強してきた人は、1章から3章までを簡単に目を通して、13章以降を重点的に学習してもかまいません。

本書を通して、電子回路の基本的な動作を理解し、電子回路を使ってモノづくりができる者(特に、学生)が増えれば、筆者としてこれほどうれしいことはありません。

最後に、本書執筆の好機を与えていただいた、技術評論社の諸氏に感謝いたします。

2017年2月　著者

CONTENTS

第1章 電子回路を学ぶ上でおさえておきたいこと

- **1-1** 回路図の表現方法 ……………………………………………………… 12
- **1-2** 回路解析時で使用する法則に関して注意すること …………… 14
- **1-3** コンデンサ、コイルの扱い …………………………………………… 19
- **1-4** 電流と電圧の関係を示すグラフ表現 ……………………………… 20

第2章 ダイオードの基本

- **2-1** n形半導体、p形半導体 ……………………………………………… 24
- **2-2** pn接合 ……………………………………………………………………… 26
- **2-3** ダイオードの特性 ……………………………………………………… 29
- **2-4** ダイオードの使われ方 ………………………………………………… 31
  - 2-4-1 整流回路 ……………………………………………………… 31
  - 2-4-2 モーター（リレー）でのダイオードの役割 ………… 32
  - 2-4-3 定電圧回路 …………………………………………………… 33
  - 2-4-4 発光ダイオード ……………………………………………… 36
- **2-5** ダイオードの等価回路 ………………………………………………… 39

第3章 トランジスタの基本

- **3-1** npn形・pnp形トランジスタの構成と動作原理 ………………… 48
- **3-2** トランジスタの特性グラフ …………………………………………… 51
- **3-3** 動作点 ……………………………………………………………………… 54
- **3-4** コレクタ損失 …………………………………………………………… 58

第4章 トランジスタの増幅動作

- **4-1** 増幅される電気信号について……………………………………62
- **4-2** トランジスタ増幅動作のグラフ表現……………………………64

第5章 トランジスタの等価回路

- **5-1** 特性グラフを素子化して組み合わせた回路＝等価回路…………74
- **5-2** hパラメータ等価回路……………………………………………77
- **5-3** hパラメータ等価回路を使った回路解析………………………82
- **5-4** 複雑な回路のときの考え方（入出力インピーダンス）…………86

第6章 トランジスタの接地回路

- **6-1** エミッタ接地回路……………………………………………………92
- **6-2** ベース接地回路………………………………………………………94
- **6-3** コレクタ接地回路（エミッタフォロワ）…………………………99

第7章 トランジスタのバイアス回路

- **7-1** バイアス回路の必要性……………………………………………104
- **7-2** 固定バイアス回路…………………………………………………106
- **7-3** 自己バイアス回路…………………………………………………111
- **7-4** 電流負帰還バイアス回路…………………………………………116

第8章　多段結合増幅回路における基本事項

- 8-1　デシベル　………………………………………………………………… 122
- 8-2　インピーダンス整合　……………………………………………………… 124
- 8-3　トランス　…………………………………………………………………… 126
- 8-4　トランスを使用するときの入出力インピーダンス　……………………… 128

第9章　CR結合増幅回路

- 9-1　回路構成　…………………………………………………………………… 134
- 9-2　直流解析（動作点計算）　………………………………………………… 135
- 9-3　CR結合増幅回路の交流のみ考えた回路　……………………………… 139
- 9-4　総合利得と周波数特性　…………………………………………………… 144
- 9-5　CR結合増幅回路を回路ブロックの塊で考えた解析　………………… 146

第10章　トランス結合型増幅回路

- 10-1　トランスを用いた大振幅増幅　…………………………………………… 152
- 10-2　トランス結合多段増幅回路の解析　……………………………………… 162

第11章　電力増幅回路

- 11-1　電力増幅回路と電圧増幅回路とで異なること　………………………… 170
- 11-2　A級電力増幅回路　……………………………………………………… 171
- 11-3　B級プッシュプル電力増幅回路　……………………………………… 176

第12章 負帰還増幅回路

- **12-1** 負帰還の4つのパターンと特徴 …………………………………… 184
- **12-2** 増幅回路のモデル化による負帰還回路の解析 ……………… 186
  - 12-2-1 電圧注入・電圧帰還の解析 ……………………………… 186
  - 12-2-2 電流注入・電圧帰還の解析 ……………………………… 190
- **12-3** 実際の負帰還回路の解析 …………………………………………… 193

第13章 オペアンプの基本回路

- **13-1** オペアンプの基本特性 ……………………………………………… 198
- **13-2** 負帰還動作およびバーチャルショート ……………………… 201
- **13-3** 比較回路 ……………………………………………………………… 203
- **13-4** 反転増幅回路 ………………………………………………………… 206
- **13-5** 非反転増幅回路 ……………………………………………………… 211
- **13-6** ボルテージフォロア ………………………………………………… 214
- **13-7** 差動増幅回路 ………………………………………………………… 216
- **13-8** 演算回路 ……………………………………………………………… 218

第14章 MOSトランジスタの基本回路

- **14-1** MOS の構造 ………………………………………………………… 226
- **14-2** MOS の特性 ………………………………………………………… 229
- **14-3** MOS を用いた増幅回路 …………………………………………… 233
- **14-4** 等価回路を用いた増幅回路解析 ………………………………… 236
- **14-5** MOS の論理回路動作 ……………………………………………… 244

第15章　トランジスタのいろいろな使い方

- **15-1** トランジスタのスイッチ動作 ……………………… 250
- **15-2** ダーリントン接続 ……………………………………… 255
- **15-3** カレントミラー ………………………………………… 258
- **15-4** 差動増幅回路 …………………………………………… 261
- **15-5** 発振回路（無安定マルチバイブレータ）…………… 263
- **15-6** $DC-DC$ コンバータ ………………………………… 266

付録

- 付録A　ギリシャ文字表 ……………………………………… 274
- 付録B　電気と磁気の単位表 ………………………………… 275
- 付録C　接頭語の表 …………………………………………… 275
- 付録D　新JISによる図記号 ………………………………… 276

第1章
電子回路を学ぶ上でおさえておきたいこと

　電子回路は電気回路と基本的なことは変わらず、キルヒホッフの法則が成り立ちますし、オームの法則も成り立ちます。ただ、電子回路では電気回路で使用した抵抗、コンデンサ、コイルの他に、トランジスタやダイオードなどの非線形素子（能動素子ともいいます）を扱います。この非線形素子は少し複雑で、電圧－電流の関係式が電圧や電圧の値によって異なりますので、その辺の対処法が重要になります。むしろ、電圧－電流の関係式よりその関係式をグラフで表現したほうがわかりやすいこともあるので、それらのことを含めた基本的なことを説明します。

1-1 回路図の表現方法

　図1-1を見てください。どこが異なるかわかりますか？　そうです、線が交わっているところに点がついているかついていないかが違いますね。この黒丸をつけるかつけないかで、回路の構成は全く異なります。黒丸がついているところは、その線がつながっていることを意味します。したがって、図1-1 (a) は$I_1+I_3=I_2+I_4$のキルヒホッフの電流則が成り立ちます。図1-1 (b) はつながっていないので、$I_1=I_2$、$I_3=I_4$ということになります。また、T字のところはつながっていることは明白なのですが、必ず黒丸をつけます。

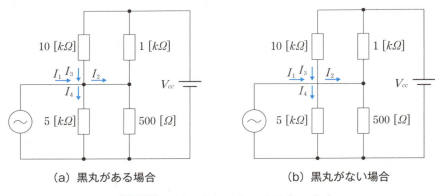

（a）黒丸がある場合　　　　　　　　（b）黒丸がない場合

図1-1　線の交わりを示す黒丸の意味

　電気回路では、直流電圧源を電池の記号（図1-1でも使っています）で表すことが多々ありますが、電子回路では電池の記号をあまり使いません。基本的には、電池のマイナス電極を0 [V]（$Ground$、「GND」と表記されることが多いです）として考え、そこからプラス電極が何ボルト（電池だと1.5 [V]、記号だと「V_{cc}」と表現される）高いかを表現します。

　例えば、図1-2 (a) の回路は、図1-2 (b) のように表現することが多いです。回路を扱う専門書や月刊誌も、図1-2 (b) のような回路図表現を使いますので、本書でもV_{cc}とGNDで直流電圧源を表現します。

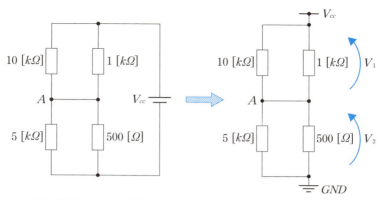

(a) 直流電圧源による回路図表示　(b) V_{cc} および GND による回路図表示

図1−2　直流電圧源の表現方法の違い

　GND に関して、重要なことがあります。図1−2（b）のように GND を定めると、ある回路上での点電位が定まります。例えば、図1−2（a）のように GND を定めないと、マイナス電極が $5[V]$ かもしれませんし、$-5[V]$ かもしれません。そうなると、点 A の電位は求められません。図1−2（b）のように、回路上のどこが GND（$0[V]$）なのかを定めることにより、そこを基準に点 A がどのぐらい電圧が高いのか、低いのか求めることができます。回路シミュレータでも同じようなことがいえます。GND を設定しないと電圧の計算ができないので、エラーが出力されます。

　回路図上の電圧・電流の英字表現について説明します。図1−2のように、直流のみ扱っている場合、電圧・電流の英字表記を**大文字**にします。交流（または交流＋直流）を扱っている場合、電圧・電流の英字表記を**小文字**にします。

1-2 回路解析時で使用する法則に関して注意すること

　本書では、回路の電流、電圧、増幅度などの回路情報を求めることを解析と呼びます。その解析する上で重要な法則は、キルヒホッフの法則（$Kirchhoff's\ Low$）です。キルヒホッフの法則は、第1法則（電流則）と第2法則（電圧則）があり、本書では第1法則を KCL（$Kirchhoff's\ Current\ Law$）、第2法則を KVL（$Kirchhoff's\ Voltage\ Law$）と書きます。KCLは、電流の入りと出が同じという、ある種当然のことを数式化したものです。KVLも、あるループを考え、ループのある点からスタートして電圧を足し合わせてスタート地点にもどると、電圧が0になるというごく当たり前のことを数式化したものです。KVLの電圧を周回マラソンの高低差でたとえると、周回マラソンでは上り坂があり下り坂あり、それらを足し合わせるともとにもどって、当然±0になるということと同じことです。

　これらの法則の詳細は省略しますが、図1-2（b）における KVL の考え方を説明します。KVLはループを考えるといいましたが、図1-2（b）の回路図では、電圧の高低差と考えた方がわかりやすいです。つまり、GND（$0\,[V]$）から $V_{cc}\,[V]$ の高低差があると考え、GNDから始まって V_{cc} にいたる経路の電圧を足したら当然 V_{cc} となります。例えば、図1-2（b）で、GNDから始まって$500\,[k\varOmega] \rightarrow 1\,[k\varOmega] \rightarrow V_{cc}$ を通る経路で、電圧はそれぞれ V_2、V_1 なので、それらを足し合わせた V_1+V_2 が V_{cc} になります。

　ここで重要なことは、電圧の矢印の向きです。電圧の向きは、電圧が低いほうから高いほうへ向きます。図1-2（b）の場合、2つの矢印とも電圧の低い方から高い方へと電圧の向きが向いているのでそのまま足しますが、この向きが逆の場合は電圧を引くことになります。

[例題1－1]

図1－3の回路において、$GND \rightarrow R_5 \rightarrow R_2 \rightarrow R_1 \rightarrow V_{cc}$ の経路で考えたときの KVL の式を答えなさい。

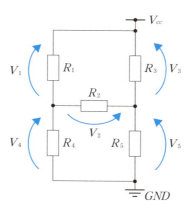

図1－3 例題1－1の回路

[解答]

R_5 の電圧 V_5 と R_1 の電圧 V_1 の向きは、電圧の低い方から高い方へ向いているのでそのまま足して、$V_5 + V_1$、R_2 の電圧の V_2 の向きはそれとは逆に向いているので引きます。したがって、$V_1 + V_5 - V_2$ が V_{cc} になります。

答：$V_{cc} = V_1 + V_5 - V_2$

もう1つ注意する回路上の法則があります。それは、重ね合わせの理です。重ね合わせの理を簡潔にいうと、「電流源・電圧源が複数ある回路の場合、電流源・電圧源ごとに計算して、あとで足し合わせても結果は同じである」ということです。電子回路では、直流電圧・電流源と交流電圧・電流源で別々で計算します。これは、直流と交流では役割が異なり、それぞれの役割ごとに計算したほうがわかりやすいからです。その役割は後で詳しく説明します。ちなみに、ここでいう交流は、家庭用の交流（$50Hz$ または$60Hz$）より高い周波数（数 kHz）の交流を考えています。

図1－4を例に、重ね合わせの理を説明します。左上の回路が解析したい回路で、交流電圧源と直流電圧源があります。この回路を直流電圧源のみ残した回路にして、交流電圧源は**短絡除去**（交流電圧源を取り除いて、その余った2つの端子をつなげる）します。つまり、交流電圧源には、数 [$Ω$] の内部抵抗がありますが、その数 [$Ω$] の内部抵抗も 0 [$Ω$] と近似します。そうすると、5 [$kΩ$] と500

$[kΩ]$ の抵抗には電流は流れずに、短絡した経路にほとんどの電流が流れます。したがって、直流電圧源のみを考えると、5 $[kΩ]$ と500 $[kΩ]$ の抵抗も短絡除去されて、10 $[kΩ]$ と 1 $[kΩ]$ の並列接続の回路として考えればよいことになります。

一方、交流電圧源のみ残した回路にして、直流電圧源は短絡除去します。先ほどと同じことがいえて、直流電圧源には数 $[Ω]$ の内部抵抗がありますが、その数 $[Ω]$ の抵抗も 0 $[Ω]$ と近似します。そうすると、10 $[kΩ]$ と 1 $[kΩ]$ の V_{cc} に接続されていた端子は GND に接続されることになり、交流電圧源に 5 $[kΩ]$、500 $[kΩ]$、10 $[kΩ]$、1 $[kΩ]$ が並列に接続された回路になります。各抵抗にかかる電圧や流れる電流の波形は、これら 2 つの回路で別々に計算した値を足し合わせた波形になります。

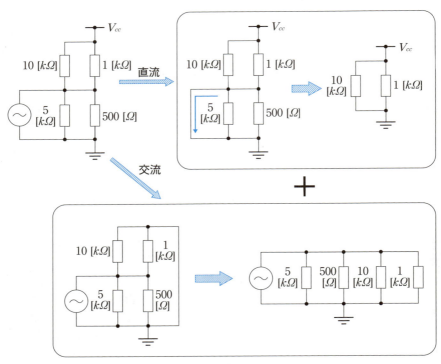

図1－4 重ね合わせの理の説明

[例題1-2]

図1-5の1[$k\Omega$]の抵抗に流れる電流Iと電圧V_1を、重ね合わせの理を用いて求めなさい。

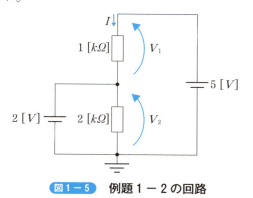

図1-5 例題1-2の回路

[解答]

2[V]の電源を短絡除去して、5[V]の電源のみを残した回路が図1-6(a)です。この回路では、2[V]の電源を短絡除去した経路にすべての電流が流れるので、2[$k\Omega$]の抵抗へは電流が流れないことになります。したがって、図1-6(a)の回路における1[$k\Omega$]の抵抗に流れる電流I_aは、$\dfrac{5}{1\times 10^3}=5\,[mA]$になります。電圧$V_{1a}$は、5[$V$]になります。

5[V]の電源を短絡除去して、2[V]の電源のみを残した回路が図1-6(b)です。ここで注意することは、電流・電圧の向きです。1[$k\Omega$]の抵抗の電流・電圧の向きを図1-5と同じ電流・電圧の向きにとると、この図で流れる電流と電圧の向きとは逆向きになります。逆向きということは、数値的にはマイナスと考えればよいので、I_bは$-\dfrac{2}{1\times 10^3}=-2\,[mA]$、電圧$V_{1b}$は$-2\,[V]$になります。

最終的に、これら2つの回路から得られた電流・電圧を足せばよいので、電流Iは$I=5\,[mA]-2\,[mA]=3\,[mA]$、電圧$V_1$は$V_1=5\,[V]-2\,[V]=3\,[V]$になります。

答：$I=3\,[mA]$、$V_1=3\,[V]$

●1-2　回路解析時で使用する法則に関して注意すること

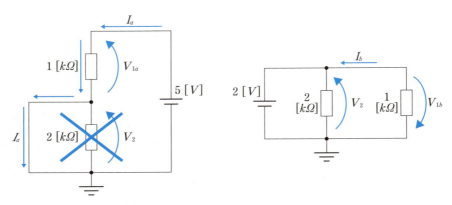

（a）2 [V] の電圧源を短絡除去した回路　　（b）5 [V] の電圧源を短絡除去した回路

図1-6　例題1-2の回路で、重ね合わせの理を使ったときの回路

1-3 コンデンサ、コイルの扱い

　本書では、電子回路を簡単に説明するため、図1－7のようにコンデンサやコイルをおおざっぱに扱います。直流の場合、「コンデンサは電流を通さない。コイルは電流を通す」と考えます。つまり、電子回路を直流電圧・電流源のみ考えた回路で解析する場合、コンデンサを開放除去（コンデンサを取り除いて、その余った2つの端子をつなげない）し、コイルを短絡除去します。交流の場合は、「コンデンサは電流を通す。コイルは電流を通しにくくなる」と考えます。これは、コンデンサのインピーダンス（交流の抵抗値）が交流の周波数が高いほど小さくなり、十分小さなところの交流信号（先ほど述べた数 kHz）を増幅すると考え、コンデンサは短絡除去（インピーダンスがほぼ0と近似）します。コイルは抵抗や電圧源として考えます。コイルを使った部品としてトランスがありますが、1次側は抵抗、2次側は電圧源として考えることが多いです。

（a）コンデンサの場合

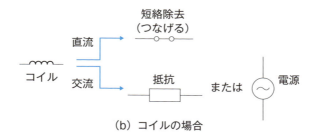

（b）コイルの場合

図1－7 コンデンサとコイルの扱い

1-4 電流と電圧の関係を示すグラフ表現

電子回路において、ダイオードやトランジスタの電流と電圧の関係を表す式は複雑です。抵抗のようにオームの法則やキルヒホッフの法則を使って、簡単には表すことはできません。そこで、電圧と電流の関係を示すために、グラフを使うことが多いです。また、増幅作用もグラフで説明したほうがわかりやすいです。

電子回路では、主に4つのグラフ表現があります。この4つのグラフ表現は、大きく2つに分かれます。1つは**直流電圧源**、**直流電流源**、**抵抗**という素子そのものの特性を表すグラフで、もう1つは**負荷線**という KVL の式をグラフに表したものです。

素子そのものの特性を表すグラフ表現について説明します。

1つ目は、直流電圧源のグラフ表現です。直流電圧源は、「直流電圧源に流れる電流がどんな値でも、ある一定の電圧値を出力し続ける素子」といえます。したがって、図1-8（a）のようなグラフになります。

2つ目は、直流電流源のグラフ表現です。直流電流源は、「直流電流源にかかる電圧がどんな電圧でも、ある一定の電流値を出力し続ける素子」といえます。したがって、図1-8（b）のようなグラフになります。

3つ目は、抵抗のグラフ表現です。抵抗と電圧・電流には、オームの法則が成り立ちます。オームの法則は電圧 (V) ＝ 抵抗 (R) × 電流 (I) という式が有名ですが、電子回路では、縦軸が I で、横軸が V のときが多いので、

$$I = \frac{1}{R} \times V \qquad (1-1)$$

として、図1-8（c）のような傾き $1/R$ の直線になります。

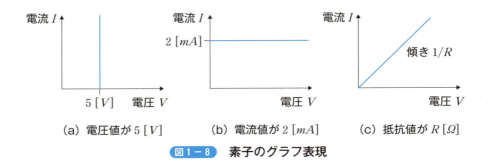

(a) 電圧値が $5\,[V]$ 　　(b) 電流値が $2\,[mA]$ 　　(c) 抵抗値が $R\,[\Omega]$

図1-8　素子のグラフ表現

最後に、負荷線について説明します。図1－9（a）のような抵抗とある**素子** X が直列に接続されていて、そこに V_{cc} の電圧がかかっているとします。このときに素子 X にかかる電圧 V_x と流れる I_x を KVL で表すと

$$V_{cc} = V_x + R \times I_x \qquad (1-2)$$

$$I_X = -\frac{1}{R}V_x + \frac{V_{cc}}{R} \qquad (1-3)$$

になります。式（1－3）が負荷線の式で、図1－9（b）になります。ちなみに、このグラフに素子 X の特性グラフを追加したときの交点が回路に流れる電流や素子にかかる電圧になります。例えば、素子 X が抵抗なら、図1－9（b）に図1－8（c）のグラフを追加した図1－9（c）の交点が流れる電流、素子 X にかかる電圧になります。

以降、素子 X をダイオードにしたり、トランジスタにしたりして、電流や電圧を求めていきます。ダイオードやトランジスタの特性は非線形なので、厳密に扱うと簡単には説明できません。そこで、それらの特性を直線に近似して扱っていきます。

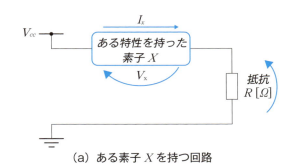

（a）ある素子 X を持つ回路

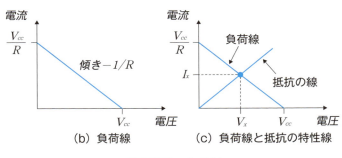

（b）負荷線　　　（c）負荷線と抵抗の特性線

図1－9　　負荷線

1-4 電流と電圧の関係を示すグラフ表現

[例題1-3]

図1-9（a）の回路において、V_{cc}を15 [V]、Rを10 [Ω]、素子Xを5 [Ω]の抵抗にした場合、負荷線の式と素子Xに流れる電流I_xと電圧V_xをグラフを用いて求めなさい。

[解答]

式（1-3）のRに10 [Ω]、V_{cc}に15 [V]を代入すると、

$$I_x = -\frac{1}{10}V_x + \frac{15}{10} \quad (1-4)$$

になります。素子Xの特性は、図1-8（c）のRが5 [Ω]のときの特性グラフとなるので、式で表すと

$$I_x = \frac{1}{5}V_x \quad (1-5)$$

になります。

式（1-4）と式（1-5）をグラフで表すと、図1-10のようになり、交点は（5 [V]、1 [A]）になります。

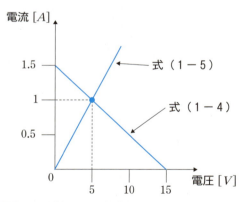

図1-10　例題1-3の負荷線と素子Xの特性グラフ

答：$V_x = 5$ [V]、$I_x = 1$ [A]

第2章
ダイオードの基本

　ダイオードやトランジスタは、半導体からできています。半導体は、低温時は電気を通しにくく、高温時には電気を通しやすくなるということで、中間に位置する物質です。ダイオードやトランジスタは、半導体に不純物をほんの少し混ぜた物質（n形半導体やp形半導体といいます）を使って作られます。ダイオード・トランジスタの特性や動作を理解するためには、この半導体の性質を理解しないといけません。したがって、本章では半導体の性質を簡単に説明した後、ダイオードの代表的な回路を説明します。

2-1 n形半導体、p形半導体

　ダイオードやトランジスタで使用する半導体には、シリコンが使われます。シリコンは、地球上に多く存在し、安価に手に入る物質です。このシリコンの結晶では、シリコン原子が共有結合で結合しています。共有結合では、図2-1のように隣り合った原子に付随する電子を1つずつ借りて安定な状態を作り出しています。この状態では、電気を流す電子が動けない状態になります。この状態の半導体を真性半導体といい、電流が流れないので、ダイオードやトランジスタの材料としては使いません。

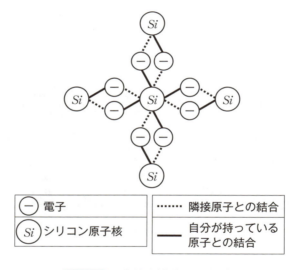

図2-1　真性半導体の結晶構造

　そこで、電気を流すために、シリコンより電子が1つ多いリンを混ぜます。ただ、真性半導体の純度が99.99999999％（9が11個なのでイレブンナインといいます）に対して、リンをごくわずかな量混ぜます。そうすると、図2-2のように電子が1つ余ります。この電子が自由に動けるようになり（自由電子）、電気が流れます。このような半導体を *n* 形半導体といいます。ちなみに、*n* 形の「*n*」は *negative*（ネガティブ）の「*n*」です。また、リンのことをドナーといいます。

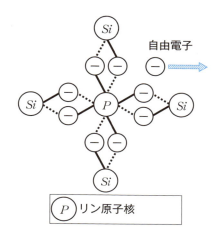

図2-2 シリコン＋リンの結晶構造（n形半導体）

　n形半導体とは逆の考えとして、電子が入り込める穴（正孔：ホールと呼びます）を用意して、そこに電子を受け入れるようにして電気を流すこともできます。その場合、シリコンより電子が1つ少ないホウ素を混ぜます。ホウ素も、リンと同様に、ごくわずかな量を混ぜます。そうすると、図2-3のように電子が入れるホールができます。このホールを伝って電子が移動して、電流が流れます。ただ、逆に考えると、電子とは逆方向にホールが移動しているように見えるので、ホールをプラス電荷と考え、その<u>プラス電荷（ポジティブな電荷）</u>が移動していると考えます。このような半導体を<u>p形半導体</u>といいます。ちなみに、ホウ素を<u>アクセプタ</u>といいます。

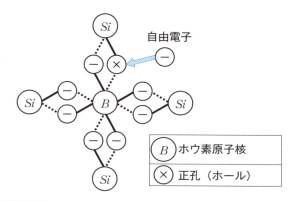

図2-3 シリコン＋ホウ素の結晶構造（p形半導体）

2-2 pn接合

　ダイオードやトランジスタを作るとき、この p 形半導体と n 形半導体を接合します（**pn 接合**といいます）。そうすると、図2－4（a）のように接合面付近に電子もホール（プラス電荷）もない領域ができます。それを**空乏層**といいます。pn 接合時、両半導体の物質内のエネルギー状態を表すと図2－4（b）になります。図2－4（b）で、n 形半導体の電子のエネルギーは、p 形半導体に入って電気を流すだけのエネルギーがありません。一方、p 形半導体のホールも n 形半導体に入って電気を流すだけのエネルギーがありません。この図2－4（a）の素子を**ダイオード**といいます。

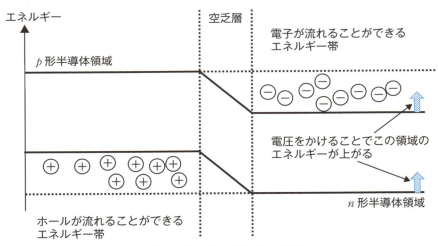

(a) pn 接合の構成

(b) pn 接合のエネルギー状態図

図2－4　pn 接合の構成と電子・ホール分布

　ここで、図2－5（a）のように、n 形半導体から p 形半導体にプラスの電圧

をかけると、p形半導体とn形半導体のエネルギーの差がなくなり、ある電圧（大体0.7［V］付近）になると、電子やホールが流れ出します。

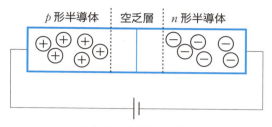

(a) 順方向電圧回路図

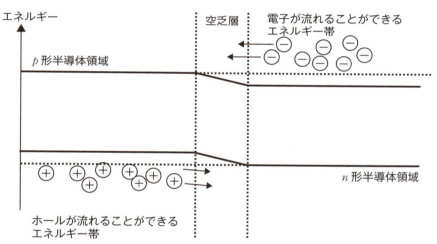

(b) 順方向電圧をかけたときのエネルギー状態図

図2-5 pn接合に順方向電圧をかけたときのエネルギー状態

逆に、図2-6(a)のように、p形半導体からn形半導体にプラスの電圧をかけると、空乏層が広がると同時に、図2-6(b)のようにp形半導体とn形半導体のエネルギーの差が広がり、電子やホールがますます流れにくくなります。しかし、さらに電圧を高くすると、エネルギーの壁が薄くなり、電子やホールが抜けることができます。このことをトンネル効果といいます。また、このトンネル効果により電流が流れることを<u>ツェナー降伏</u>といい、安定化電源などに使われています。このほかにアバランシェ降伏によって電流が流れたりしますが、それは電子回路で扱う範囲の電圧ではないので、説明を省略します。

2-2 pn接合

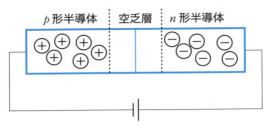

(a) 逆方向電圧回路図

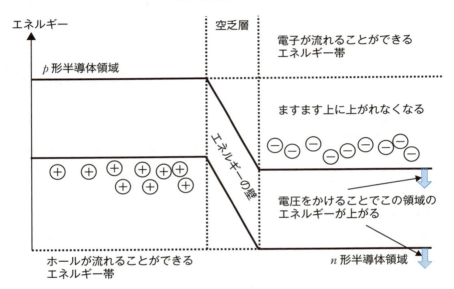

(b) 逆方向電圧をかけたときのエネルギー状態図

図2-6 pn接合に電圧をかけたときのエネルギー状態

2-3 ダイオードの特性

前節で説明したように、pn接合の素子がダイオードになります。回路図記号が図2-7です。回路図記号の2つの端子には名前がつけられており、p形半導体に接続している端子をアノードいい、n形半導体に接続している端子をカソードといいます。ダイオードの電流-電圧特性を図2-8に示します。

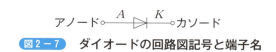

図2-7 ダイオードの回路図記号と端子名

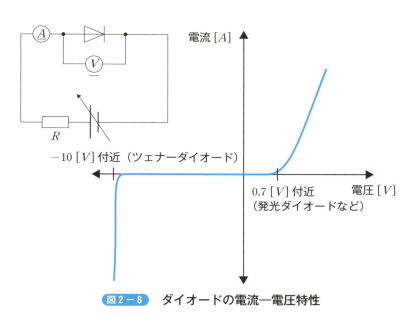

図2-8 ダイオードの電流-電圧特性

カソード(マイナス電極)からアノード(プラス電極)へだいたい0.7 [V]以上の電圧をかけると電流が急激に流れ始めます。ここで「だいたい0.7 [V]以上」と書きましたが、この値はダイオードの性能に依存して、0.6 [V] になったりします。ダイオードを流れる電流に関して、あまり多く電流を流してしまうと、熱によりダイオードが壊れてしまうので、ダイオードの定格以下の電流に抑えておく必要があります。

2-3 ダイオードの特性

　逆に、アノード（マイナス電極）からカソード（プラス電極）へ電圧をかけると、10 [V] 付近までは、ほぼ電流は流れません。前の「0.7 [V] 以上になると電流が流れる」という性質とこの性質を利用して、整流回路に使われます。

　さらに、電圧を上げていき、だいたい10 [V] 付近からツェナー降伏による電流が急激に流れ始めます。ただ、こちらもあまり電流を多く流すと熱により壊れてしまうので、素子の仕様内の電流（正確にいうと電力）に抑えないといけません。このグラフの形状が、図1 − 8 (a) に似ています。つまり、ダイオードは直流電圧源に似たような働きをすることもできて、そのダイオードをツェナーダイオードといいます。ツェナーダイオードについては後ほど説明します。

2−4 ダイオードの使われ方

ダイオードの特性には、大きく分けて、整流と定電圧の特性があります。これらの特性を利用したダイオードの使用法について具体的に説明します。

2−4−1 整流回路

整流回路の基本として、図2−9のような半波整流回路があります。この回路の動作を簡単に説明するため、ダイオード特性を図2−10（a）のように近似すると、抵抗Rにかかる電圧は、図2−10（b）の青い線のようになります。図2−10（a）の特性は、ダイオードをスイッチと直流電圧源の回路におきかえることができます。0.7［V］より小さいとスイッチOFFの状態で電流が流れません。したがって、抵抗にかかる電圧は0［V］です。0.7［V］になると、スイッチがONになり、ダイオードは0.7［V］の直流電圧源に近似できるので、抵抗には入力電圧（e）から0.7［V］引いた値の電圧がかかるように電流が流れます。

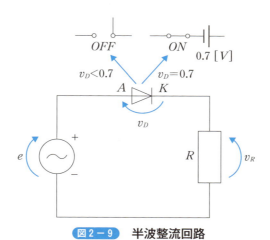

図2−9 半波整流回路

2-4 ダイオードの使われ方

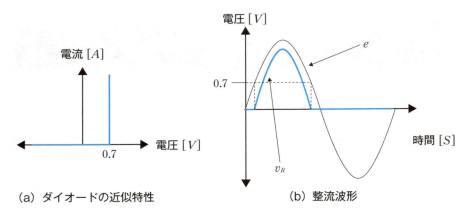

(a) ダイオードの近似特性　　(b) 整流波形

図2-10 半波整流回路の整流回路と抵抗の電圧

2-4-2　モーター（リレー）でのダイオードの役割

　DC モーターやリレーで問題となるときが、コイルに流れている電流を急に切るときです。コイルに流れる電流を急に切ると、それを妨げるように高電圧がかかり、それが他の電子機器を壊してしまいます。

　図2-11のような DC モーターを回す簡単な回路を考えます。この図のスイッチでモーターを回したり、止めたりします。スイッチを ON から OFF にした場合、電源電圧をはるかに超えた高い逆起電圧が生じます。スイッチが機械的なスイッチならあまり壊れることはないですが、トランジスタを利用した電子回路的なスイッチのであれば、この逆起電圧で電子回路が壊れてしまいます。この高電圧をできるだけ抑えるためには、高電圧の原因である電流の変化を和らげるようにします。つまり、図2-11のように逆起電圧によって発生した電圧で（ダイオードを介して）モーターに電流を流すことにより、コイルに流れる電流の変化は抑えられ、逆起電圧が高くならず、スイッチが壊れることはありません。スイッチを ON したときには、ダイオードの整流作用により、DC モーターのみに電流が流れます。なお、トランジスタをスイッチとして利用した DC モーター駆動回路は、15章で詳しく説明します。

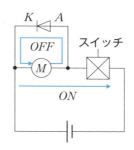

図2-11　DCモーター駆動回路

2-4-3　定電圧回路

一定の電圧を供給する簡単な回路は、図2-12（a）に示すツェナーダイオードを使った図2-12（b）の定電圧回路です。端子P_1、P_2から左側の回路が定電圧を生成する回路で、右側に一定電圧を利用する機器を接続します。図2-12（b）では、その機器の合成抵抗をまとめてR_L[Ω]として考えます。この抵抗のことを負荷抵抗といいます。

先に述べたように、図2-8のマイナス電圧での特性は、直流電圧源の特性に似ています。しかし、通常のダイオードはこの特性ではなく、プラス電圧の特性を利用します。マイナス電圧の特性を使いたいときは、ツェナーダイオードというダイオードを使用します。

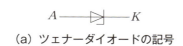

（a）ツェナーダイオードの記号

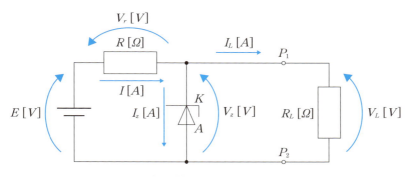

（b）低電圧回路

図2-12　ツェナーダイオードと定電圧回路

2-4 ダイオードの使われ方

　図2-12 (b) の定電圧回路の動きを説明します。KVLとKCLで作った式をツェナーダイオードの特性グラフに書き込こみ、その2つの線の交点を求めます。

　まず、KVLにより、式（2-1）と式（2-2）が得られます。

$$E = V_r + V_z = R \times I + V_z \qquad (2-1)$$

$$V_z = V_L = R_L \times I_L \qquad (2-2)$$

KCLによって、式（2-3）が得られます。

$$I = I_z + I_L \qquad (2-3)$$

これら3つの式において、I、I_z、I_L、およびV_zが未知数で、残りは既知数（こちらが設定する数値）です。これら3つの式から未知数はI_zとV_zのみの式にして、ツェナーダイオードのV_z-I_z特性グラフに書き込みます。式（2-2）を$I_L = \dfrac{V_z}{R_L}$にして、式（2-3）のI_Lに代入すると式（2-4）になります。

$$I = I_z + \frac{V_z}{R_L} \qquad (2-4)$$

　式（2-4）を式（2-1）に代入して、整理すると式（2-5）になります。

$$I_z = -\left(\frac{1}{R_L} + \frac{1}{R}\right) \times V_z + \frac{E}{R} \qquad (2-5)$$

　式（2-5）をツェナーダイオードのV_z-I_z特性グラフに書き込みます。そのグラフが図2-13になります。V_z-I_z特性グラフのV_zとI_zの向きは、図2-8の電流・電圧の向きとは逆にとったので、V_z-I_z特性グラフは図2-8のプラス・マイナスを逆にしたグラフになります。また、先に述べましたように、流れる電流I_zには限界があり、それ以上流すと壊れますので、その限界値をI_{max}とします（仕様では、電力値 = 定電圧の値（V_{zc}）×I_{max}で記載されます）。

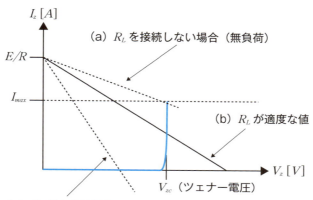

図2−13 $V_z - I_z$ 特性グラフを用いた定電圧回路の説明

　図2−13において、式(2−5)の線は、大きく分けて(a)、(b)、(c)の3パターンに分かれ、通常動作は(b)になります。

　(a)は、負荷抵抗R_Lが接続されていない無負荷の状態です。このときにツェナーダイオードに最大の電流が流れることになります。この電流をI_{max}におさえないといけないといけません。無負荷時のKVLは、式(2−6)になります。

$$I = -\frac{1}{R} \times V_z + \frac{E}{R} \qquad (2-6)$$

　式(2−6)に$I=I_{max}$、$V_z=V_{zc}$をそれぞれ代入すると、求めるRは式(2−7)になります。

$$R = \frac{E - V_{zc}}{I_{max}} \qquad (2-7)$$

　(b)では、負荷抵抗に応じて、ツェナーダイオードに流れる電流は変わりますが、負荷およびツェナーダイオードの電圧はほぼ一定で、V_{zc}(ツェナー電圧)になります。負荷抵抗が大きくなるにつれて、式(2−5)から(b)の直線の傾きが小さくなり、I_zは大きくなります。ただ、負荷抵抗が∞になっても、(a)の無負荷の状態で、I_{max}になるようにRを定めておけば、電流は最大I_{max}です。逆に、負荷抵抗が小さくなるにつれて、(b)の直線の傾きが大きくなり、I_zは小さくなります。I_zが0のときが(b)で動作する負荷抵抗の最小値になり、式(2−5)で$I=0$、$V_z=V_{zc}$を代入すれば、式(2−8)になり、これより小さい負荷にはできません。

$$R_L = \frac{R \times V_{zc}}{(E - V_{zc})} \quad (2-8)$$

 (c) は式 (2-8) より小さい値に R_L を設定した場合です。I_z は 0 になり (つまりツェナーダイオードは接続していないのと同じ)、R と R_L の直列接続になります。V_z は R_L が小さくなるにつれて、小さくなります (つまり、V_{zc} ではなくなります)。I_z は 0 ですが、R や負荷抵抗に流れる電流 I は R_L が小さくなるにつれて大きくなり、最終的には、R しか残らない回路になり、電流 I は式 (2-9) になります。

$$I = \frac{E}{R} \quad (2-9)$$

[例題 2-1]
　図 2-14 に示すツェナーダイオード (D_z) を用いた定電圧回路において、ツェナーダイオードに流れる最大電流 I_{max} と抵抗 R を求めなさい。なお、D_z が耐えうる最大電力値 (許容電力) を 1 [W]、D_z のツェナー降伏時の電圧 (ツェナー電圧) を 10 [V] とする。

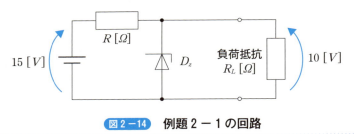

図 2-14　例題 2-1 の回路

[解答]
　最初に、最大電流を求めます。最大電流が D_z に流れるときは、負荷抵抗がない無負荷のときです。そのときも D_z にも 10 [V] の電圧がかかるので、$I_{max} =$ 1 [W] ÷ 10 [V] = 0.1 [A] となります。また、式 (2-7) から $R = \dfrac{15\,[V] - 10\,[V]}{0.1\,[A]}$ = 50 [Ω] となります。

答：$I_{max} = 0.1$ [A]、$R = 50$ [Ω]

2-4-4　発光ダイオード

　ダイオードの中で、よく使われるダイオードが発光ダイオード (以降、LED) です。このダイオードは文字通り、電流を流すとその電流量に応じて光ります。

回路図記号は、図2-15（a）になります。このダイオードも電流制限がありますので、図2-15（b）のように抵抗で電流を制限することになります。どのぐらいの抵抗を使えばよいか計算方法を説明します。

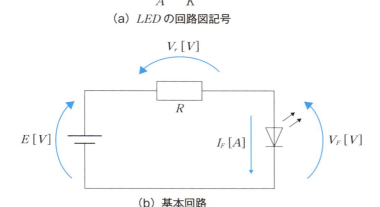

(a) LEDの回路図記号

(b) 基本回路

図2-15　LEDの回路図記号と基本的な回路

LEDに限らず、ダイオードには、最大定格電流（I_{FP}）、最大定格逆電圧（V_R）、順方向電圧（V_F）、順方向電流（I_F）があります。I_{FP}はLEDが流せる最大の電流で、これ以上の電流を流すと壊れます。V_Rは、電流が流れない方向（カソードにプラス電圧、アノードにマイナス電圧）に電圧をかけたときに、耐えられる最大電圧です。この電圧を超えて、逆電圧をかけると壊れます。LEDは他のダイオードに比べて逆電圧耐圧が低いので、注意する必要があります。通常、I_Fぐらいを流すのが妥当で、そのときの電圧がV_Fとなります。

抵抗計算には、このI_FとV_Fを使用します。ただし、このI_FとV_Fは温度によって変化し、型番が同じでもまったく同じ物が作れないので、計算通りの電流や電圧になりません。I_FとV_Fで計算すれば、経験上、I_{FP}を超える値になったことはありません。念のため、実験する場合は、徐々に電圧をかけてI_{FP}を超えないか確認しながら実験することをお薦めします。

図2-15（b）の回路において、I_F [A] が流れて、ダイオードにV_F [V] がかかっていると仮定します。そうすると、KVLから式（2-10）が得られます。

$$E = I_F \times R + V_F \qquad (2-10)$$

式（2-10）から求めるRは、式（2-11）になります。

2-4 ダイオードの使われ方

$$R = \frac{E - V_F}{I_F} \qquad (2-11)$$

[例題2-2]

図2-16に示す回路において、LEDに5[mA]の電流を流したい。LEDの電圧を2Vとしたときの抵抗Rを求めなさい。

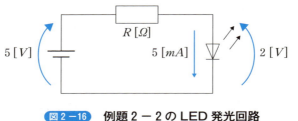

図2-16　例題2-2のLED発光回路

[解答]

I_F が5[mA]で、V_F が2[V]に相当しますので、$R[\Omega] = \dfrac{5[V] - 2[V]}{5 \times 10^3 [A]} = 600$ [Ω]になります。

答：$R = 600 [\Omega]$

2-5 ダイオードの等価回路

　前節のダイオードの使われ方を説明する上で、ダイオード特性を近似して説明しました。この近似を扱うにあたり、ダイオードを含む回路を抵抗や電源電圧で置き換えると回路解析が簡単になります。

　図2-17（a）の簡単な直流電圧源のみの回路で考えます。ダイオードの特性は、逆方向電圧のツェナー降伏などを含まない特性にします。したがって、ダイオードの電流電圧特性を近似して、図2-17（b）とします。前節で述べましたように、この特性は直流電圧源と同じ特性です。ただし、1つ条件があります。それは、「ダイオードに電流が流れないと仮定したときに、ダイオードにかかる電圧が $V_F [V]$ 以上」です。条件を満たしたら、ダイオードを図2-17（c）のように電圧 $V_F [V]$ の直流電圧源に置き換えて回路解析します。

　ここで注意することは、極性です。アノードの方をプラス、カソードのほうをマイナスの極性にしてください。条件を満たしていないなら、ダイオードを図2-17（d）のようにスイッチ OFF の状態に置き換えて解析します。このように、ダイオードなどの非線形回路を抵抗や電源などの線形回路に置き換え、ほぼ同じ働きをする回路のことを等価回路といいます。

　図2-17（c）ではダイオード1つだけでしたが、複数直列に接続されるようになったら、ダイオード1つあたり V_F の電圧が必要になりますので、V_F をダイオードの数だけ足すことになります。なお、この近似は粗い近似なので、抵抗と並列に接続したときに適用すると、場合によっては、ダイオードに逆電流が流れないとキルヒホッフの法則が成り立たなくなります。そのときは、この等価回路は使用しません。

2-5 ダイオードの等価回路

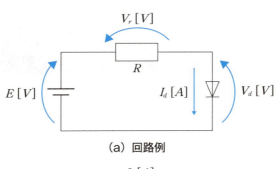

(a) 回路例

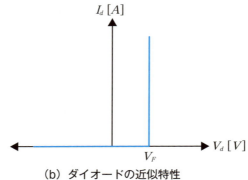

(b) ダイオードの近似特性

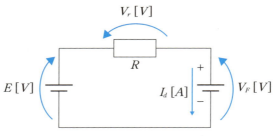

(c) 等価回路図 ($ON：E \geqq V_F$ のとき)

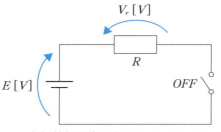

(d) 等価回路図 ($OFF：E < V_F$ のとき)

図2-17 ダイオードの等価回路

[例題2－3]

図2－18（a）の回路において、$E = 2\,[V]$ のときと、$E = 4\,[V]$ のときの $2\,[k\Omega]$ に流れる電流 $I\,[A]$ と電圧 $V_2\,[V]$ をそれぞれ求めなさい。なお、ダイオードの特性グラフを図2－17（b）とする。

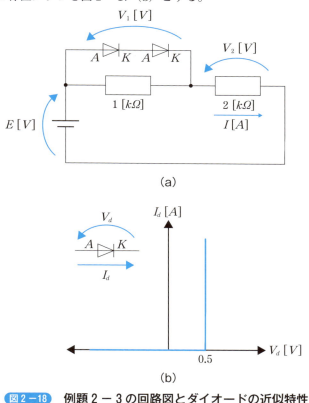

図2－18 例題2－3の回路図とダイオードの近似特性

[解答]

● $E = 2\,[V]$ の場合

ダイオードに電流が流れていないと仮定した場合、ダイオードがつながっていないことになるので、図2－18（a）の回路は $1\,[k\Omega]$ と $2\,[k\Omega]$ の直列接続になります。したがって、分圧の法則によって V_1 が式（2－12）で求められます。

$$V_1 = \frac{1 \times 10^3\,[\Omega]}{(1+2) \times 10^3\,[\Omega]} \times 2\,[V] \fallingdotseq 0.67\,[V] \qquad (2-12)$$

ダイオードは2つ直列につながっているので、ダイオードが直流電圧源の特性を示すためには、V_1 は $(0.5 \times 2) = 1\,[V]$ 以上の電圧が必要です。しかし、V_1 に

は約0.67 [V] しかかかっていないので、等価回路は図2−19になり、単に 1 [$k\Omega$] と 2 [$k\Omega$] の直列接続になります。電流 I は、合成抵抗 3 [$k\Omega$] に流れる電流と考えて、2 ÷ 3 [$k\Omega$] ≒ 0.67 [mA] となります。電圧 V_2 は 2 [V] から式（2−12）で計算した0.67 [V] を引けばよいので、約1.33 [V] になります。

● $E = 4$ [V] の場合

$E = 2$ [V] のときと同じように、分圧の法則で V_1 が式（2−13）で求められます。

$$V_1 = \frac{1 \times 10^3 \,[\Omega]}{(1+2) \times 10^3 \,[\Omega]} \times 4\,[V] \fallingdotseq 1.33\,[V] \qquad (2-13)$$

V_1 は、ダイオードが直流電圧源の特性を示すための条件（1 [V] 以上）を満たしていますので、図2−20のように、ダイオード2つを直流電圧源が2つ直列に接続したものに置き換えます。その場合、2 [$k\Omega$] の抵抗には3Vの電圧がかかります。また、3 [V] ÷ 2 [$k\Omega$] で1.5 [mA] の電流が流れます。

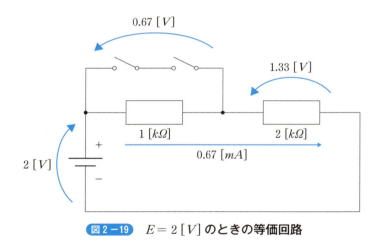

図2−19　$E = 2$ [V] のときの等価回路

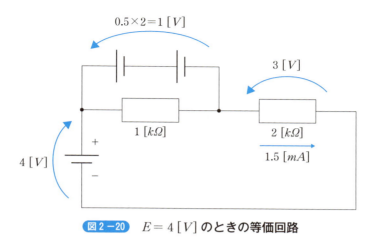

図 2 − 20 $E = 4\,[V]$ のときの等価回路

答：$E = 2\,[V]$ の場合：$V_2 = 1.33\,[V]$、$I = 0.67\,[mA]$
$E = 4\,[V]$ の場合：$V_2 = 3\,[V]$、$I = 1.5\,[mA]$

　直流・交流電圧源が混在したダイオード回路の等価回路解析として、図 2 − 21 (a) の回路解析を考えます。この回路は、直流電圧源と交流電圧源が直列に接続されている回路で、信号増幅の回路では基本的な回路です。回路解析では、$v_{in} = 0.01\,sin(\omega t)\,[V]$ の入力に対して、抵抗の電圧 $v_r\,[V]$ を計算します。

　先ほどの特性グラフの近似は粗かったので、図 2 − 19 (b) のように傾きをつけます。具体的には、$0.7\,[V]$ から $0.72\,[V]$ に電圧が上がったら $2\,[mA]$ 電流が増加する特性に近似します。この特性グラフは、図 2 − 21 (c) に示す $0.7\,[V]$ の直流電圧源特性と図 2 − 21 (d) に示す傾き 0.1 の抵抗特性の足し算となります。抵抗特性の傾き $= 1/R$ なので、R は $10\,[\Omega]$ となります。したがって、ダイオードは、$0.7\,[V]$ の直流電圧源と $10\,[\Omega]$ の抵抗の直列接続と等価になります。これにより、図 2 − 21 (a) の回路を図 2 − 22 (a) に回路に置き換えることができます。

● 2-5 ダイオードの等価回路

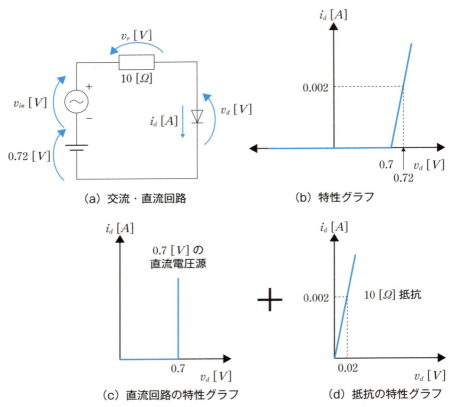

(a) 交流・直流回路　　(b) 特性グラフ

(c) 直流回路の特性グラフ　　(d) 抵抗の特性グラフ

図 2-21　直流電圧源と交流電圧源が混在した回路解析

　ここで、1-2節で説明した重ね合わせの理を使います。図 2-22 (a) の回路を直流電圧源のみ残した図 2-22 (b) の回路と交流電圧源のみ残した図 2-22 (c) の回路に分けて解析し、後で足し合わせます。

　図 2-22 (b) の回路の v_{rd} は、0.02 [V] (＝0.72 [V]−0.7 [V]) を 2 つの 10 [Ω] 抵抗で分圧することになります。両方の抵抗に半分ずつ電圧かかりますので、v_{rd} は 0.01 [V] となります。

　図 2-20 (c) の回路の v_{ra} も同様に、$v_{in}=0.01\ sin\ (\omega t)$ [V] の電圧が半分ずつ両方の抵抗にかかるので、v_{ra} は、$0.005\ sin\ (\omega t)$ [V] となります。

　これら 2 つの電圧を足し合わせると、図 2-19 (a) の v_r の電圧になって、v_r は式 (2-14) になります。

$$v_r = v_{ra} + v_{rd} = 0.005\ sin\ (\omega t) + 0.01\ [V] \qquad (2-14)$$

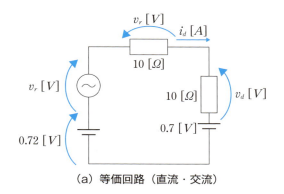

(a) 等価回路（直流・交流）

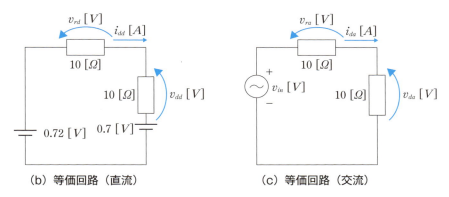

(b) 等価回路（直流）　　　　　　　　(c) 等価回路（交流）

図2-22 図2-21（a）の回路の等価回路とその解析方法※注

※注：(b) は直流であるが、(a) や (c) の電圧・電流表記に合わせるため、あえて小文字にした。

第3章
トランジスタの基本

　　トランジスタは、バイポーラトランジスタとユニポーラトランジスタに分かれます。バイポーラトランジスタは、さらにnpn形、pnp形という種類に分かれ、種類が豊富で安価なので、安価な電化製品（特にアナログ関連機器）に使われます。電子回路において、バイポーラとユニポーラの本質的な違いは、電流の制御方式です。バイポーラトランジスタはベース電流でコレクタ電流を制御するのに対し、ユニポーラトランジスタはゲート電圧でドレイン電流を制御します。本章では、この制御原理を理解するために、バイポーラトランジスタの特性について説明します。

3-1 npn形・pnp形トランジスタの構成と動作原理

　前章のダイオードでは、単にp形半導体とn形半導体を接合しました。npnトランジスタは、図3−1のように、n形半導体でp形半導体をサンドイッチ状に挟み込みます。なお、図3−1ではp形半導体もある程度厚みがありますが、実際には数ミクロン以下と非常に薄いです※注。

　この npn形トランジスタのp形半導体の部分につながっている端子をベースといいます。また、両方のn形半導体の間で電流が流れるのですが、電流の流れる元をコレクタ、流れる先をエミッタといいます。なお、pnp形トランジスタのエミッタ・コレクタの名称は npn形のそれと逆になり、電流の流れる元をエミッタ、流れる先をコレクタといいます。

　図3−1のように、コレクタからエミッタに流れる方向に V_{ce} の電圧をかけたとします。このとき、コレクタ側のn形とp形の pn接合に対して逆方向電圧なので、電流が流れません。次に、V_{ce} をかけた状態で、ベースからエミッタに流れる方向に V_{be} の電圧をかけます。このとき、ベースのp形（アノードに相当）とエミッタ側のn形（カソードに相当）に対して、V_{be} は順方向電圧で、n形の電子がp形のホールに入る形で電流が流れます。ここで、面白い現象が起きます。p形半導体の厚さが非常に薄いので、エミッタからベースに流れる電子（電流とは逆向きに電子は進むので）の中で、エミッタからコレクタへも電子が流れます。ただ、このコレクタからエミッタ間に流れる電流が、ベースからエミッタに流れる電流よりもかなり多く（100倍以上）流れます。この現象により電流増幅が可能になり、この電流を抵抗に流すことにより電圧も増幅できます。

※注：本書では構成や動作原理を説明しやすくするために、p形半導体をあえて厚くしている。

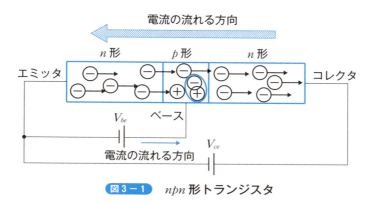

図3-1 npn 形トランジスタ

pnp 形トランジスタの構造を図3-2に示します。pnp 形は、n 形半導体を p 形半導体で挟み込む構造にします。ここでも、真ん中の n 形半導体は数ミクロン以下です。pnp 形トランジスタでは、エミッタからコレクタに電流が流れる方向に V_{ec} の電圧をかけます。この場合もコレクタ側の p 形半導体とベースの n 形半導体の pn 接合では逆方向電圧になります。したがって、V_{ec} だけでは電流は流れません。今回も V_{ec} の電圧をかけた状態で、エミッタからベースに電流が流れる方向に V_{eb} の電圧をかけます。したがって、エミッタ側のホールが電子と一緒になり、ベース電流が流れます。ここでもベースの厚さが非常に薄いので、エミッタからベースに流れる電流の中でエミッタからコレクタ間にも電流が多く流れます（pnp 形と同様に100倍以上）。したがって、pnp 形は npn 形とは全く逆の電流・電圧の向きになりますが、増幅作用があります。このように、npn 形と pnp 形の動作原理は逆になります。本書では比較的理解しやすい npn 形を中心に説明します。

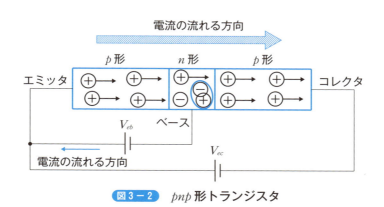

図3-2 pnp 形トランジスタ

3-1 npn形・pnp形トランジスタの構成と動作原理

　npn 形および pnp 形トランジスタの回路図記号をそれぞれ図 3 − 3（a）および図 3 − 3（b）に示します。

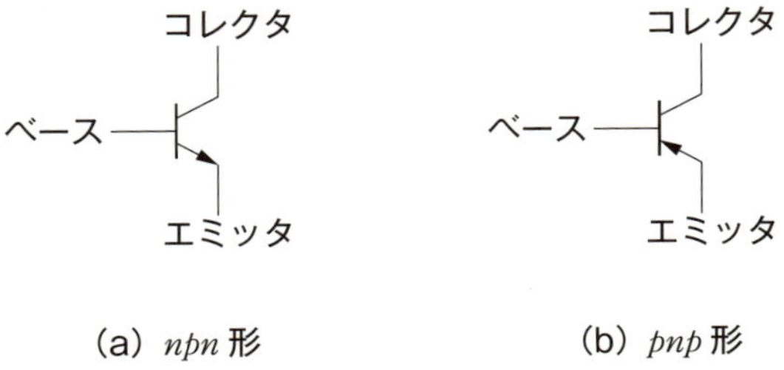

　　　　（a）npn 形　　　　　　（b）pnp 形

図 3 − 3　npn 形および pnp 形トランジスタの回路図記号

3-2 トランジスタの特性グラフ

　前節では、説明をわかりやすくするために、細かい説明をせず「電圧をかける」とか「電流を流す」と、ごく単純に動作原理を説明しました。ただ、この説明だと、トランジスタを使った回路など作れません。そこで、トランジスタにかける電圧や流れる電流を具体的な数値でグラフ化したものが必要です。そのグラフをトランジスタの特性グラフといいます。1章で述べたように、トランジスタは非線形素子なので、特性を式に表しづらく、特性をグラフ化してスペックシートに載せてあります。

　特性グラフを作成するには、図3-4に示す回路を使って電流電圧を測定します。トランジスタの特性グラフは2つあります。図3-5（a）のベース-エミッタ間の $V_{be}-I_b$ 特性グラフと図3-5（b）のコレクタ-エミッタ間の $V_{ce}-I_c$ 特性グラフです※注。

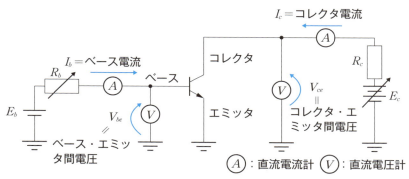

図3-4　トランジスタ特性を測定する回路

　図3-5（a）は図3-4の R_b を変えて、ベース電流 I_b を変えていき、そのときのベース-エミッタ間電圧 V_{be} を計測した結果です。図3-5（a）はトランジスタから左側のみ考えればいいことになります。ベース-エミッタ間は pn 接合なので、ダイオードと同じような特性を示します。

　図3-5（b）は図3-4のコレクタ-エミッタ間電圧 V_{ce} を変えていき、そのときのコレクタ電流 I_c を計測した結果です。この図は少し複雑です。特性グ

※注：5章の等価回路では4つのグラフが出てくるが、いずれもこの2つのグラフから派生したものである。

3-2 トランジスタの特性グラフ

ラフの対象としている電圧・電流はトランジスタより右側の回路なので、右側のみを考えればよいですが、その特性グラフが左側の回路のベース電流に依存します。例えば、図3-5 (a) の特性グラフで $I_b=10\,[\mu A]$ という値が得られた場合、図3-5 (b) の特性グラフは一番下のグラフのみ考えればいいことになります。図3-5 (b) の特性グラフでは代表的なベース電圧の特性グラフを描いていますが、その間には他の I_b 値に対応した特性グラフが無数存在しています。

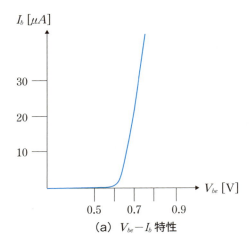

(a) $V_{be}-I_b$ 特性

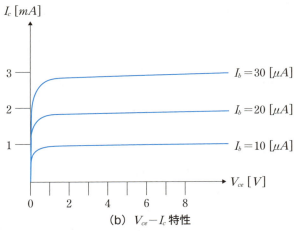

(b) $V_{ce}-I_c$ 特性

図3-5 トランジスタの特性グラフ

第3章 トランジスタの基本

[例題 3 − 1]

表3−1および表3−2は、あるトランジスタの特性グラフの値の一部を表にしたものある。図3−4の回路で、そのトランジスタの特性を測定したときに、V_{be}が0.72 [V]、V_{ce}が6 [V]を示した。このときI_bおよびI_cをそれぞれ求めなさい。

表3−1 V_{be} ― I_b 特性

V_{be} [V]	I_b [μA]
0.70	16
0.71	19
0.72	22
0.73	26
0.74	30

表3−2 V_{ce} ― I_c 特性

I_b=16 [μA]		I_b=22 [μA]		I_b=30 [μA]	
V_{ce} [V]	I_c [mA]	V_{ce} [V]	I_c [mA]	V_{ce} [V]	I_c [mA]
4	1.210	4	1.925	4	2.976
5	1.211	5	1.926	5	2.977
6	1.212	6	1.927	6	2.978
7	1.213	7	1.928	7	2.979

[解答]

V_{ce}―I_cの特性グラフはベース電流I_bに依存するので、I_bを先に求めます。表3−1から、V_{be}が0.72 [V] のとき、I_bは22 [μA] です。表3−2のI_b=22 [μA] のところのみ着目します。V_{ce}が6 [V] のとき、I_cは1.927 [mA] です。

答：I_b=22 [μA]、I_c=1.927 [mA]

3-3 動作点

　トランジスタの特性がわかると、トランジスタの回路解析ができるようになります。増幅を目的としたトランジスタ回路解析では、**動作点**が重要になります。動作点とは、「$V_{ce}-I_c$ 特性グラフで、入力信号（増幅したい信号）が0のときのコレクタ電圧 V_{ce} とコレクタ電流 I_c」です。図3-6（a）の基本的な増幅回路で、動作点をもう少し詳しく説明します。なお、この回路では温度が上昇することでトランジスタの特性が変わります。したがって、図3-6（a）の回路は、実際にはうまく増幅することはできません。今回、動作点の説明に焦点を当てるために、トランジスタの特性変化はないことにします。

　基本的な増幅回路では、ベース・エミッタ間に入力信号（電圧）v_{in} と直流電圧 E_b を与え、v_{ce} が出力信号になります。次章で詳しく説明しますが、E_b はひずみなく波形を増幅するために必要な電圧です。図3-6（a）の回路で、v_{in} が0のときのコレクタ電流 I_c [A] とコレクタ電圧 V_{ce} [V] が動作点です。つまり、入力信号 v_{in} がない図3-6（b）で動作点を求めます。信号波形はこの動作点を中心に電流や電圧が振動することになります。

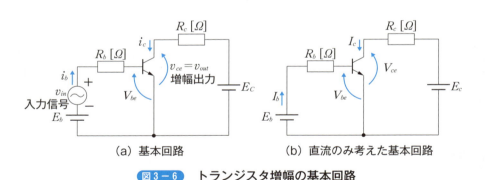

（a）基本回路　　　　　　（b）直流のみ考えた基本回路

図3-6　トランジスタ増幅の基本回路

　図3-6（b）の回路で動作点を求めるために、図3-6（b）の回路を図3-7（a）および（b）の2つの回路に分けて考えます。前節で説明したように、I_c は、I_b の値に依存するので、まずは図3-7（a）から I_b を求めます。

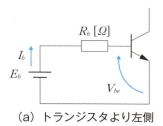
(a) トランジスタより左側

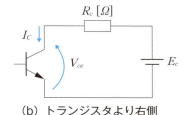
(b) トランジスタより右側

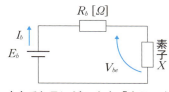
(c) (a)でトランジスタを「素子 X」としたときの回路

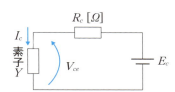
(d) (b)でトランジスタを「素子 Y」としたときの回路

図 3 − 7　トランジスタ回路を 2 つに分けたときの回路

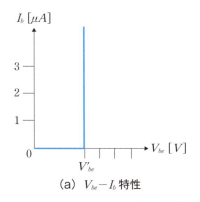
(a) $V_{be}-I_b$ 特性

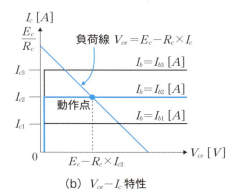
(b) $V_{ce}-I_c$ 特性

図 3 − 8　トランジスタの特性図

　図 3 − 7 (a) のトランジスタのところを未知の素子 X として（図 3 − 7 (c) 参照）、その素子 X の特性グラフを図 3 − 8 (a) とします。2 章のダイオードの近似グラフのときと同じように、素子 X を直流電圧源 V'_{be} と置き換えると、KVL から I_b は式（3 − 1）で求められます。

$$I_b = \frac{(E_b - V'_{be})}{R_b} \qquad (3-1)$$

　式（3 − 1）で求めたベース電流 I_b を I_{b2} [A] とします。ベース電流が I_{b2} の

3-3 動作点

ときの $V_{ce}-I_c$ 特性グラフは、図3−8（b）の青い線になります。このとき、図3−7（b）を図3−7（d）に置き換えて、トランジスタの部分を未知の素子 Y とします。このときの KVL の式は、式（3−2）になります。

$$V_{ce}=E_c-R_c\times I_c \qquad (3-2)$$

式（3−2）の I_c と V_{ce} は図3−8（b）で表せるので、式（3−2）の線を図3−8（b）のグラフ上に引いて、それと図3−8（b）の青い線との交点が動作点になります。なお、式（3−2）の線は負荷線です。図3−8（b）において、コレクタ電流 I_c は V_{ce} が $0\,[V]$ に近くないと仮定すれば、$I_{c2}\,[A]$ 流れることになり、式（3−2）の I_c に I_{c2} を代入すると式（3−3）が得られます。

$$V_{ce}=E_c-R_c\times I_{c2} \qquad (3-3)$$

よって、動作点は、$(V_{ce}、I_c)=(E_c-R_c\times I_{c2}、I_{c2})$ となります。

第3章 トランジスタの基本

[例題3-2]

図3-9(a)の回路の動作点を求めなさい。なお、トランジスタの特性は、図3-9(b)および図3-9(c)とする。

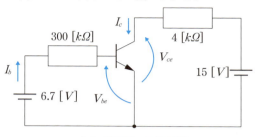

(a) 例題3-2の回路

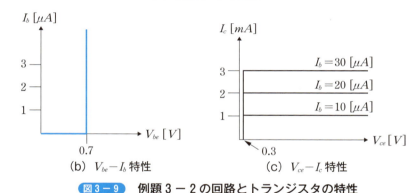

(b) V_{be}-I_b 特性　　(c) V_{ce}-I_c 特性

図3-9　例題3-2の回路とトランジスタの特性

[解答]

まず、図3-9(a)のトランジスタより左側の回路からI_bを求めます。回路は図3-6(b)と同じなので、式(3-1)を利用して式(3-4)よりI_bを求めます。

$$I_b = \frac{(6.7-0.7)}{300 \times 10^3} = 20 \times 10^{-6} = 20\,[\mu A] \quad (3-4)$$

I_bが20 $[\mu A]$なので、図3-9(c)の真ん中の線が選ばれます。このときのコレクタ電流I_cは、V_{ce}が0.3 $[V]$以下でない限り2 $[mA]$なので、式(3-3)のI_{c2}に2 $[mA]$を代入してV_{ce}を求めると式(3-5)になります。

$$V_{ce} = 15 - 4 \times 10^3 \times 2 \times 10^{-3} = 7\,[V] \quad (3-5)$$

答：動作点（7 $[V]$、2 $[mA]$）

3-4 コレクタ損失

　トランジスタにも各電流・電圧の最大値があります。それを超えないように抵抗や電源電圧を調整します。そうしないとトランジスタが壊れたり、特性が変わってしまったりします。このようなことは他の素子でも同様ですが、トランジスタではもう1つ重要な値があります。それがコレクタ損失です。各電流・電圧の最大値の他に、このコレクタ損失の最大許容値を超えないように設計しないといけません。実際には、安全を考慮して、コレクタ損失の最大許容値の1/2程度で回路を設計しています。

　そのコレクタ損失（P_c）はコレクタが消費する電力で、これが熱に変わりトランジスタを壊す原因にもなります。図3−6（b）のようにトランジスタに直流電流・電圧しかない場合、P_cは単にコレクタ電圧（V_{ce}）とコレクタ電流（I_c）のかけ算になります。増幅のときも動作点を中心に振幅しているので、コレクタ損失の最大許容値の1/2で設計するのであれば、単に直流のコレクタ電圧とコレクタ電流のかけ算で十分です。後の章でトランジスタのスイッチ動作を説明しますが、そのときは *ON* と *OFF* のときで消費電力が異なるので、少し細かく計算する必要があります。

[例題3－3]

図3－10（a）の回路で、コレクタ損失を28.8 [mW] にしたい。動作点と R_c を求めなさい。なお、トランジスタの特性は、図3－10（b）および図3－10（c）とする。

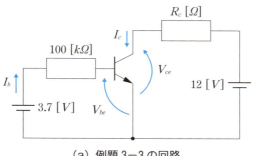

（a）例題3－3の回路

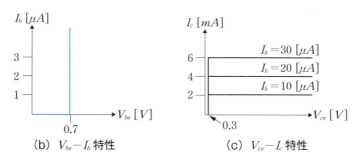

（b）$V_{be}-I_b$ 特性　　　（c）$V_{ce}-I_c$ 特性

図3－10 例題3－3の回路とトランジスタの特性

[解答]

図3－10（a）において、トランジスタより左側の回路から、式（3－1）を利用して、I_b を式（3－6）より求めます。

$$I_b = \frac{(3.7-0.7)}{100\times 10^3} = 30\times 10^{-6} = 30\ [\mu A] \qquad (3-6)$$

I_b が30 [μA] なので、図3－10（c）の一番上の線が選ばれます。このときのコレクタ電流 I_c は6 [mA] です。コレクタ損失を28.8 [mW] にするには、28.8 [mW] ÷ 6 [mA] = 4.8 [V] の電圧が V_{ce} にかかる必要があります。よって、動作点は（4.8 [V]、6 [mA]）になります。式（3－3）で $V_{ce}=4.8$ [V]、$E_c=12$ [V]、$I_c=6$ [mA] を代入して R_c を求めると、式（3－7）になります。

$$4.8\ [V] = 12\ [V] - R_c\ [\Omega] \times 6 \times 10^{-3}\ [A]$$

3-4 コレクタ損失

$$R_c\ [\Omega] = \frac{12\ [V] - 4.8\ [V]}{6 \times 10^{-3}\ [A]} = 1.2 \times 10^3 = 1.2\ [k\Omega] \qquad (3-7)$$

答:動作点(4.8 [V]、6 [mA]) $R_c = 1.2\ [k\Omega]$

第4章
トランジスタの増幅動作

　前章で学んだように、コレクタ電流がベース電流の数百倍流れるので、電流増幅とも呼ばれています。この増幅動作は接触センサーに使われます。電極に何かが接触し、微小電流が流れたとき、それを増幅（ダーリントンという2つのトランジスタを使った電流増幅）してLEDを光らせたり、ブザーをならしたりできます。増幅動作には、もう1つの増幅動作があります。それは、電圧増幅です。電子機器などでよく使用するトランジスタの増幅動作は、音声などの電気信号を増幅することです。この電気信号は電圧であり、振幅と角速度を持つ波です。この波の振幅を増幅することがトランジスタの主な増幅動作になります。本章では、トランジスタの増幅動作で欠かせない電気信号について説明し、トランジスタの増幅動作をグラフで説明します。

4-1 増幅される電気信号について

　電子機器では、自然界の情報を電気信号に変えて処理します。例えば、マイクでは、振動板に音波を当てることにより振動板を振動させ、その振動をコイルやコンデンサを使って電圧の電気信号に変えます。さらに、この電気信号は振動が小さいので、トランジスタなどを使用して信号増幅します。

　自然界の変化を振動で表すことが多く、さらにその振動は複雑な振動のことが多いです。この複雑な振動に関して、重要なことがあります。それは、「**どんなに複雑な振動でも sin、cos、それとオフセット（ある一定の値）を組み合わせた式で表現できる**」ということです。例えば、図4-1（a）の振動は一見複雑に見えますが、これは図4-1（b）の sin 波を組み合わせたものです。

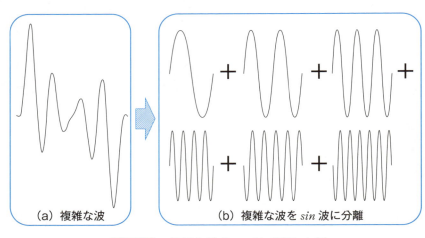

（a）複雑な波　　　（b）複雑な波を sin 波に分離

図4-1　複雑な波を sin 波で表した例

　この波の式はフーリエ級数展開の式といわれていて、式（4-1）で表します。

$$f(t) = \frac{a_0}{2} + \sum_{n-1}^{\infty} \{a_n \cos(n\omega_0 t) + b_n \sin(n\omega_0 t)\} \qquad (4-1)$$

　式（4-1）の中の $\frac{a_0}{2}$ が、オフセットと呼ばれる直流成分（一定の値）です。それに、基本角速度 ω_0 の n 倍の角速度をもつ cos 波と sin 波に、それぞれ

係数 a_n と b_n を掛け合わせて、複雑な振動を表します。

　信号処理の世界では、「係数 a_n と b_n をどう求めるか」とか、「図 4 － 1 の横軸は時間で表しているけれど、周波数で表したらどうなるか」ということが重要ですが、電子回路を学ぶ上では「複雑な振動の増幅は、cos 波と sin 波それぞれを同じく増幅し、足したものとほぼ同じ」ということが重要です。したがって、この後、複雑な波形の電気信号を考えて説明する必要なく、ある角速度 ω の sin 波の電気信号に絞って、その電気信号に対するトランジスタの増幅動作について説明します。

4−2 トランジスタ増幅動作のグラフ表現

トランジスタの増幅対象は電圧ですが、どのぐらい増幅したか示す数値として、電圧増幅度 A_v という指標があります。図4−2のような交流電圧（v_{in}）の入力に対して、交流電圧（v_{out}）が出力された場合、電圧増幅度は、式（4−2）になります。

$$A_v = \left| \frac{v_{out} \text{の振幅}}{v_{in} \text{の振幅}} \right| \qquad (4-2)$$

ここで、注意することは、絶対値をとることです。増幅回路で必要なのは、入力電圧の振幅がどれぐらい増幅したかということですので、プラスとかマイナスとか関係ありません。なお、図4−2で入出力端子の下の端子が GND につながっていることが一般的ですので、省略することがあります。ここでは、あえて GND をつけました。

図4−2 増幅回路の入力電圧・出力電圧の関係

図4−2のブロック図に具体的な回路を入れて増幅の説明をします。この節では、増幅動作を説明するとともに、最終的に A_v を求めます。図4−3の回路について、v_{ce} を出力電圧（v_{out}）として考え、増幅動作をグラフで説明し、A_v を求めます。図4−3の点線で囲んだ部分が図4−2の増幅回路の部分です。増幅動作を簡単に説明すると、以下のようになります。

1. v_{in} の電圧信号をベース電流の振動に変える
2. トランジスタの特性からベース電流の振動が数百倍のコレクタ電流の波に変わる
3. コレクタ電流が負荷抵抗（$2\,[k\Omega]$）に流れることにより、電圧の振動になる

4．負荷抵抗とコレクタ―エミッタ間には20 [V] の定電圧がかかっている
ので、負荷抵抗の電圧が変わるとコレクタ―エミッタ間の電圧も振動に
なり、それが出力電圧となる。

　上記の動作をより具体的に説明していきます。以降、式に出てくる変数の電圧、電流の単位はそれぞれ [V]（ボルト）、[A]（アンペア）とします。
　まず、v_{in} は式（4－3）の sin 波で考えて、入力信号を振動させます。

$$v_{in} = 0.1\ sin\ (\omega t) \tag{4－3}$$

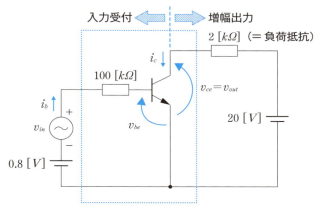

図4－3　増幅動作を説明する回路

（入力側や出力側に接続されている）直流電圧源や抵抗は、出力波形がきれいに出力されるために必要なものです。例えば、図4－4の部屋の中で縄で縦波を作るときを考えます。地面につけたままだと半分しか波が作れないので、きれいに波を作るために、地面から縄を持ち上げます。逆にあまり持ち上げると縄が天井について、きれいな波が作れません。このことと同じように、電気信号をきれいに増幅させるために、直流電圧で電圧を持ち上げて、でも、あまり持ち上げすぎないように抵抗で調整しています。増幅動作は、交流成分のみに適用されますので、直流電圧源を短絡除去した回路にしたら、図4－3の回路は図4－2の回路の v_{in} 側の端子に交流電圧源、v_{out} 側の端子に抵抗（これも負荷抵抗です）が接続されたものになります。

● 4−2　トランジスタ増幅動作のグラフ表現

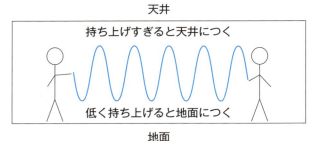

図4−4　直流電圧源と抵抗の役割

　図4−3の回路の増幅動作にもどります。この回路は、トランジスタより左側で信号を入力して、右側の回路で増幅出力をします。したがって、3章のように、トランジスタより左側と右側で分けて、さらにトランジスタを近似して考えます。

　最初に、トランジスタより左側（入力側）の回路を考えます。トランジスタのベース—エミッタ間を「ある特性を持った素子 X」として考えた場合、図4−5（b）になります。

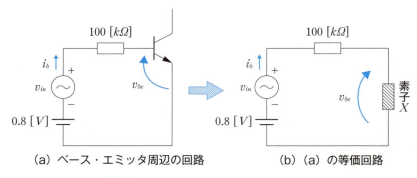

図4−5　トランジスタより左側の等価回路

　図4−5（b）の中で、値のわからないものは、v_{be} と i_b なので、2つの式の連立方程式を解くと値が求められます。しかし、今回は、1−4節のように、図4−5（b）に対する KVL の式の直線を素子 X の v_{be}−i_b 特性グラフに書き込み、その交点を求めることにより v_{be} と i_b を求めます。

　図4−5（b）に対する KVL の式は、式（4−4）となります。

$$v_{in}+0.8=100\times10^3\times i_b+v_{be} \tag{4-4}$$

式（4−4）の v_{be} 軸切片（$i_b = 0$）の式は、式（4−5）になります。

$$v_{be} = 0.1\ sin\ (\omega t) + 0.8 \qquad (4-5)$$

したがって、図4−6のように、v_{be} 軸切片が $0.1\ sin\ (\omega t)$ で動く黒色の点線の直線が式（4−4）になります。また、素子 X の $v_{be} - i_b$ 特性グラフの近似グラフが青い点線です。青い点線の式は $v_{be} = 0.6\ [V]$ となります。**黒色と青色の点線の交点**が求める v_{be} と i_b になります。ここで注意することは、図4−6で v_{be} が0.6より小さいと、i_b は0です。仮に直流電圧源を0.8から0.6にすると、上半分の波形になってしまいます[※注]。したがって、直流電圧源で最低0.7 [V] が必要になってきます。ここでは、余裕をもって0.8 [V] で設定しています。また、100 [$k\Omega$] の抵抗値を小さくすると黒色の点線で表された式（4−4）の傾きが大きくなり、図4−6の近似グラフでは、i_b が大量に流れることになります。しかし、実際は大量には流れず、図4−6の近似グラフが成り立たなくなるので注意してください。

右側の回路では、i_b が必要になります。図4−6の点線の直線が v_{be} 軸切片で $0.1\ sin\ (\omega t)[V]$ 動くと、交点も sin 波になります。その sin 波の式は、式（4−6）になります。

$$i_b = 10^{-6}\ sin\ (\omega t) + 2 \times 10^{-6} \qquad (4-6)$$

式（4−6）は、式（4−4）の v_{be} に0.6 [V]、v_{in} に $0.1\ sin\ (\omega t)[V]$ をそれぞれ代入して得られた式です。この式（4−6）の波が右側の回路に渡される形になります。

※注：図4−4で例えると、地面につけた状態で波を起こすこと同じ。

4−2 トランジスタ増幅動作のグラフ表現

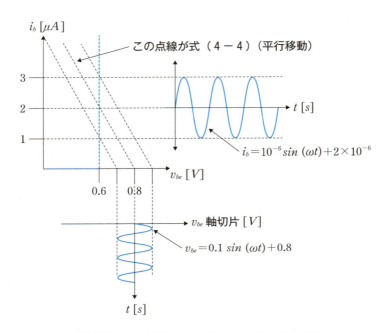

図4−6 入力側回路のグラフによる動作説明

次にこのi_bの式をもとに、図4−7（a）のトランジスタより右側（増幅出力側）の回路が信号を増幅します。トランジスタのコレクタ―エミッタ間を「ある特性を持った素子Y」として考えた場合、右側の回路は、図4−7（b）になります。ここでも、図4−7（b）に対するKVLの式の直線を素子Yの$v_{ce}-i_c$特性グラフに書き込み、その交点を求めることにより、v_{ce}を求めます。

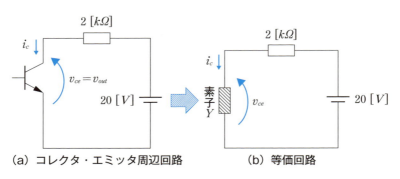

図4−7 トランジスタより右側の等価回路

図4－7（b）に対する KVL の式は、式（4－7）となります。

$$20 = 2 \times 10^3 \times i_c + v_{ce} \tag{4－7}$$

この式（4－7）の直線は3章で説明した負荷線です。この負荷線と素子 Y の特性線の交点が求める値です。その素子 Y の特性グラフ（図4－8）は i_b によって変わり、$i_c = 200 \times i_b$ に近似できます（図4－8の横軸に平行な直線）。図4－8には i_b がそれぞれ、1 $[\mu A]$、2 $[\mu A]$、3 $[\mu A]$ のときの直線しか描いていませんが、その間には、無数の直線があります。i_b は式（4－6）で変化するので、i_c は式（4－6）を200倍した式（4－8）にしたがって平行移動します。

$$i_c = 0.2 \times 10^{-3} \sin(\omega t) + 0.4 \times 10^{-3} \tag{4－8}$$

式（4－8）で移動する直線と負荷線との交点が求める v_{ce} です。つまり、式（4－7）の負荷線の式に、素子 Y の特性式である式（4－8）を代入して得られた式が、求める v_{ce} です。その式が式（4－9）です。

$$v_{ce} = v_{out} = -0.4 \sin(\omega t) + 19.2 \tag{4－9}$$

式（4－9）の v_{out} の振幅と式（4－3）の v_{in} の振幅を比べると電圧増幅度 A_v が求められ、

$$A_v = \left| \frac{v_{out} の振幅}{v_{in} の振幅} \right| = \left| \frac{-0.4}{0.1} \right| = 4 \tag{4－10}$$

になります。

　以上の説明からある重要なことがわかります。それは、式（4－10）の信号増幅の結果に**角速度や sin 波なのか cos 波なのかは全然関係しない**ことです。したがって、次章以降は、一部の例外を除いて、信号増幅に角速度や sin 波なのか cos 波なのかには触れず、電圧・電圧の振幅のみを考えて解析していきます。また、この回路で注意することがあります。それは、20 $[V]$ の直流電圧源と 2 $[k\Omega]$ の負荷抵抗です。素子 Y は電圧源ではないので（特性的には電流源）、図4－7（b）の v_{ce} の範囲は、0から直流電圧源の電圧（20 $[V]$）です。この直流電圧源の電圧を低くすると、v_{ce} の範囲が狭まります。また、負荷抵抗値を大きくすると、式（4－9）の振幅が大きくなります。その場合、v_{ce} が20 $[V]$ という範囲を超えてしまいます。実際は、20 $[V]$ を超えられないので、20 $[V]$ で高止まりします[※注]。その場合、波が歪んでしまいますので、入力信号の電圧値、電圧増幅度を考慮し、直流電圧源の値と負荷抵抗の値を決めます。

※注：図4－4の縄の波で例えると、縄が天井についた状態。

● 4-2　トランジスタ増幅動作のグラフ表現

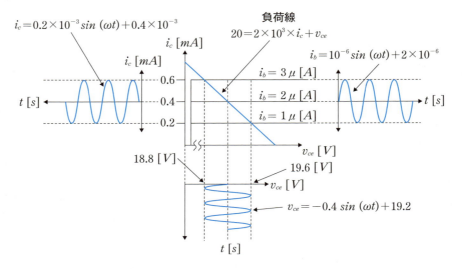

図4-8　増幅出力側の特性グラフによる動作説明

[例題4-1]

図4-9の回路において、トランジスタより左側の入力受付回路を等価回路に直し、KVLの式から、i_bを求めなさい。なお、$v_{be}-i_b$特性グラフは図4-6とし、$v_{in}=0.05\,sin\,(\omega t)$とする。

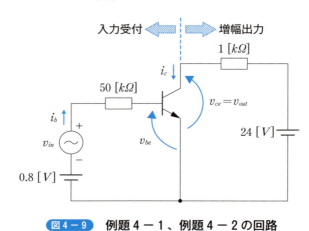

図4-9　例題4-1、例題4-2の回路

[解答]

　図4−9の入力受付側の回路の等価回路（トランジスタを素子Zとおきます）は、図4−10（a）となります。図4−6の$v_{be}-i_b$特性グラフは、1章の図1−8（a）と同じ形です。これは、直流電圧源と同じグラフなので、図4−10（a）の素子Zは0.6 [V] の直流電圧源と置き換えて、図4−10（b）の回路になります。この図4−10（b）の回路図からKVLを適用し、i_bを求めると、式（4−11）になります。

$$0.05 \sin(\omega t) + 0.8 = i_b \times 50 \times 10^3 + 0.6$$
$$i_b = 10^{-7} \sin(\omega t) + 4 \times 10^{-6} \tag{4−11}$$

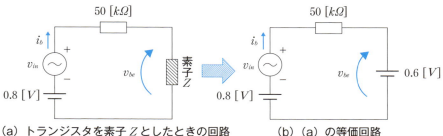

(a) トランジスタを素子Zとしたときの回路　　(b) (a) の等価回路

図4−10　トランジスタより左側の等価回路

答：図4−10（b）の等価回路、$i_b = 10^{-7} \sin(\omega t) + 4 \times 10^{-6}$ [A]

[例題4−2]

　図4−9の回路において、トランジスタより右側の増幅出力側の部分を考える。トランジスタの$v_{ce}-i_c$特性グラフは、横軸に平行な直線なので、1章の図1−8（b）の直流電圧源と同じ形となる。ただ、電流値がi_bによって決まる。そのi_bが$i_b = 5 \times 10^{-7} \sin(\omega t) + 1 \times 10^{-6}$で変化し、直流電圧源の電流値（$=i_c$）の値が$i_b$の100倍とした場合、等価回路がどのようになるか描き、電圧v_{ce}を求めなさい。

[解答]

　トランジスタより右側の等価回路は、トランジスタの部分を素子Aとおいて図4−11（a）のように表します。この素子Aは少し特殊で、図4−12のように直流電流源の特性を持っていますが、直流の電流値（i_c）が$100 \times i_b$になります。素子Aの部分を図4−11（b）のように直流電流源にし、電流値を式（4−12）

で表します。

$$i_c = 100 \times i_b = 100 \times \{5 \times 10^{-7} sin\,(\omega t) + 1 \times 10^{-6}\}$$
$$= 5 \times 10^{-5} sin\,(\omega t) + 10^{-4}$$
（4－12）

したがって、図 4－11（b）の KVL から v_{ce} を求めると式（4－13）になります。

$$20 = v_{ce} + 1 \times 10^3 \times \{5 \times 10^{-5} sin\,(\omega t) + 10^{-4}\}$$
$$v_{ce} = -5 \times 10^{-2} sin\,(\omega t) + 19.9$$
（4－13）

答：図 4－11（b）の等価回路、$v_{ce} = -5 \times 10^{-2} sin\,(\omega t) + 19.9\,[V]$

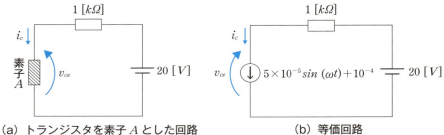

（a）トランジスタを素子 A とした回路　　（b）等価回路

図 4－11　トランジスタより右側の等価回路

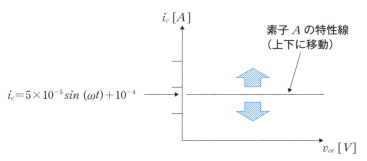

図 4－12　素子 A の特性グラフ

第5章
トランジスタの等価回路

　トランジスタ増幅の動作原理や増幅度を説明するとき、トランジスタの特性を線形近似して、特性グラフなどを使って説明しました。しかし、増幅度を求めるのにいちいち特性グラフを用いるのは面倒です。また、4章の説明では、直流と交流が入り混じっていますが、トランジスタ増幅回路の増幅度を求めるときは、直流と交流を分けて、交流のみ考えたほうが、求めやすいです。したがって、本章では、増幅度計算のみ考え、交流時（交流電圧源のみを残した）のトランジスタの等価回路について説明します。

5-1 特性グラフを素子化して組み合わせた回路＝等価回路

　4章で、トランジスタを含む回路の増幅度を求めるときに、KVLの式と特性グラフに描いて説明しました。5章では、特性グラフの一部を線形（直線）近似して、それを線形素子にし、それらの関係性を素子の組み合わせで回路にします。そうすることにより、キルヒホッフの法則が成り立ち、連立方程式を解くことにより、増幅度が特性グラフを用いずに求められます。

　3章では、2つのトランジスタの特性グラフを説明しました。トランジスタの特性に関連する電圧・電流は、v_{be}、v_{ce}、i_b、およびi_cの4つです。ここで疑問が生じます。それは、特性グラフが足りないという疑問です。この4つの電圧・電流から2つ選んで特性グラフにして表せば、組み合わせは4通りです。3、4章で使った特性グラフは2つです。「残り2つの特性グラフ（$i_b - i_c$特性グラフと$v_{be} - v_{ce}$特性グラフ）の説明をしてないのではないか？」と疑問に思うかもしれません。その通りで、残り2つの説明はこれからします。なぜ、残り2つの特性グラフの説明を後回しにしたかというと、動作説明に2つの特性が必要なかったということもありますが、それぞれ別の理由があります。まず、$v_{be} - v_{ce}$特性グラフに関しては、増幅動作にあまり影響を与えない特性グラフであったらからです。$i_b - i_c$特性グラフに関しては、$v_{ce} - i_c$特性グラフにはi_bがパラメータとして入っていますので、そのパラメータi_bと$v_{ce} - i_c$特性グラフの関係性から特性グラフを導くことができるからです。3、4章でもi_bとi_cの関係を少し触れましたが、5章では、具体的に特性グラフにします。

　それでは、具体的に、残りの特性グラフを説明します。まずは、$i_b - i_c$特性グラフです。これは、図5－1（a）の$v_{ce} - i_c$の特性グラフで、v_{ce}を固定して、パラメータのi_bとi_cの関係をグラフにしていきます。図5－1（a）のi_bの値に対するi_cを$v_{ce} - i_c$特性グラフから拾って、グラフ化すると図5－1（b）のようなほぼ直線になります。

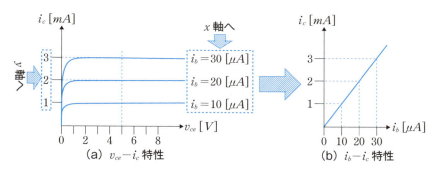

図5-1 $v_{ce}-i_c$ の特性グラフと i_b-i_c 特性グラフの関係

　$v_{be}-v_{ce}$ 特性グラフは、図5-2のようになります。グラフ形状的には $v_{ce}-i_c$ の特性グラフに似ていて、v_{ce} を上げていくと、v_{be} は、最初、急激に上昇し、そのあとわずかながら右肩上がりで上昇してききます。

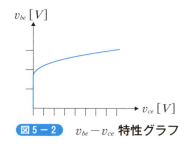

図5-2 $v_{be}-v_{ce}$ 特性グラフ

　これら4つの特性グラフを1つのグラフにまとめたのが、図5-3です。$v_{ce}-i_c$ の特性グラフは、ある i_b の値に対するグラフ1つだけ表示していて、わずかながら右肩上がりに上がっていることに注意してください。

5-1 特性グラフを素子化して組み合わせた回路＝等価回路

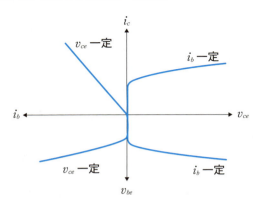

図5－3 トランジスタを特性グラフを1つにまとめたグラフ

5-2 hパラメータ等価回路

　トランジスタの等価回路は、大別して、スイッチング等価回路、小信号等価回路、および高周波等価回路に分かれます。したがって、同じトランジスタ回路でも3種類の等価回路の表し方があります。設計者は、その回路の動作や増幅する信号の周波数帯によって、等価回路を選んで解析することになります。ここでは、比較的多く使われる小信号用の h パラメータ等価回路について説明します。小信号用の h パラメータ等価回路は、数 $[mV]$・数 $[kHz]$ の入力信号の増幅のときに用いられるオーソドックスな等価回路です。

　前節で説明した特性グラフを素子化して、トランジスタの動作にほぼ相当する等価回路を作ります。

　4章の増幅度の説明のとき、図4-2のような入出力端子がついている回路を考えました。h パラメータ等価回路でも同様に、入出力端子がついている箱の中に図5-4(a)のようにトランジスタが入っているとします。図5-4(a)の等価回路として、図5-4(b)の回路を考えます。図5-4(b)は、入力や出力を開放や短絡することにより h_{ie} などの係数が容易に求めることができるので、よく用いられています。h_{ie}、h_{re}、h_{fe} および h_{oe} の総称が h パラメータです。

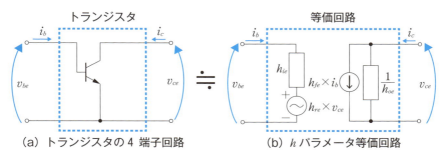

(a) トランジスタの4端子回路　　(b) h パラメータ等価回路

図5-4　トランジスタの h パラメータ等価回路への変換

　図5-4(b)に KVL と KCL を適用し、式(5-1)と式(5-2)がそれぞれ求められます。

$$v_{be} = h_{ie} \times i_b + h_{re} \times v_{ce} \qquad (5-1)$$
$$i_c = h_{fe} \times i_b + h_{oe} \times v_{ce} \qquad (5-2)$$

　ここで注意することは、図5-4(b)の「電圧・電流値は変化量」というこ

5-2 hパラメータ等価回路

とです。つまり、「交流」=「値が変化する」と考え、その変化量(厳密にいうと微小変化量)のみ考えます。例えば、v_{ce} が $5\,[V]$ 一定だとすれば、変化量は $0\,[V]$ なので、$h_{re} \times v_{ce}$ は $h_{re} \times 5\,[V]$ ではなく、$h_{re} \times 0\,[V] = 0$ となります。

式(5-1)の「$h_{ie} \times i_b$」の部分は、「v_{be} の電圧の一部が $h_{ie}\,[\Omega]$ と $i_b\,[A]$ の掛け算になっている」ということです。$i_b - v_{be}$ 特性グラフでは、v_{ce} を固定しているので(変化量なし)、式(5-1)は $\partial v_{be} = h_{ie} \times \partial i_b$ になります[※注]。したがって、$h_{ie} = \partial v_{be}/\partial i_b$ となり、図5-5の $i_b - v_{be}$ 特性グラフにおいて、動作点付近を線形近似したときの傾きが h_{ie} に相当します。h_{ie} は入力インピーダンス(単位は $[\Omega]$)といいます。このことから、$i_b - v_{be}$ 特性グラフは $h_{ie}\,[\Omega]$ の抵抗に素子化されることになります。

式(5-1)の「$h_{re} \times v_{ce}$」の部分は、「**出力側の電圧 v_{ce} の h_{re} 倍した値が入力側にもどって入力電圧 v_{be} の一部になる**」ということです。$v_{ce} - v_{be}$ 特性グラフでは、i_b を固定しているので、式(5-1)は $\partial v_{be} = h_{re} \times \partial v_{ce}$ になります。したがって、$h_{re} = \partial v_{be}/\partial v_{ce}$ となり、図5-5の $v_{ce} - v_{be}$ 特性グラフにおいて、動作点付近を線形近似したときの傾きが h_{re} に相当します。h_{re} は電圧帰還率といいます。このことから、$v_{ce} - v_{be}$ 特性グラフは $h_{re} \times v_{ce}$ の電圧源に素子化されることになります。なお、この電圧は、$h_{ie} \times i_b$ の電圧に比べると小さいので、無視されることがあります。

式(5-2)の「$h_{fe} \times i_b$」は、「**$i_b\,[A]$ の h_{fe} 倍の電流が i_c の電流として流れる**」ということです。$i_b - i_c$ 特性グラフでは、v_{ce} を固定しているので、式(5-2)は $\partial i_c = h_{fe} \times \partial i_b$ になります。したがって、$h_{fe} = \partial i_c/\partial i_b$ となり、図5-5の $i_b - i_c$ 特性グラフにおいて、動作点付近を線形近似したときの傾きが h_{fe} に相当します。h_{fe} は電流増幅率といいます。このことから、$i_b - i_c$ 特性グラフは $h_{fe} \times i_b$ の電流源に素子化されることになります。

式(5-2)の「$h_{oe} \times v_{ce}$」の部分は、「**$h_{fe} \times i_b$ の電流にプラスして、v_{ce} に h_{oe} を掛けた電流が流れる**」ということです。$v_{ce} - i_c$ 特性グラフでは、i_b を固定しているので、式(5-2)は $\partial i_c = h_{oe} \times \partial v_{ce}$ になります。したがって、$h_{oe} = \partial i_c/\partial v_{ce}$ となり、図5-5の $v_{ce} - i_c$ 特性グラフにおいて、動作点付近を線形近似したときの傾きが h_{oe} に相当します。h_{oe} は出力アドミタンス(単位は S(ジーメンス))といいます。このことから、$v_{ce} - i_c$ 特性グラフは、h_{oe} の出力アドミタンスに素子化されることになります。なお、アドミタンスの逆数が抵抗になるので、図5-4(b)では、h_{oe} の逆数を使って抵抗(出力インピーダンス)として表記します。また、$h_{oe} \times v_{ce}$ の電流は $h_{fe} \times i_b$ の電流に比べたら小さいので、省略される

※注:「∂」は微小変化量ということを表している。

ことがあります。

　ここまでの説明で、電流・電圧の大小について簡単に触れましたが、もう少し具体的に説明します。この電流・電圧の大小は h パラメータの値と関係します。トランジスタでよく使用される $2SC1815$（Y クラス）において、ある条件（温度、i_c、v_{ce} など）下での h パラメータは、h_{ie} で $600\,[\Omega] \sim 3\,[k\Omega]$、$h_{re}$ で $60\mu \sim 500\mu$、h_{fe} で $120 \sim 240$、h_{oe} で $0.7\,[\mu S] \sim 90\,[\mu S]$ です。h_{re} と h_{oe} の値（μ は 10^{-6} なので）が低いことがわかります。設計の条件によっては、図 5-6 (b) のように h_{re} と h_{oe} に関連する素子を省略して計算することがあります。

　h_{re} の場合、v_{ce} の値が v_{be} の数百倍（10^2 のオーダー）大きくても、h_{re} は大体 $1/10000$ のオーダーなので、$h_{re} \times v_{ce}$ の値が v_{be} の $1/100$（$10^{(-5+2)}$）となり、無視しても大差ないことになります。

　h_{oe} の場合、は逆数をとっているので、抵抗で考えると数が大きくなります。しかし、負荷抵抗との並列接続の場合、大きい抵抗には電流がほとんど流れないので、大きい抵抗を省略しても電流の変化はほとんどありません。並列接続なので、電圧は省略しても変わらないので、h_{oe} は省略しても大差ありません。

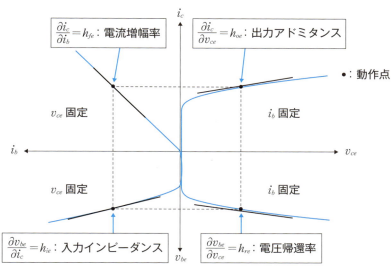

図 5-5　トランジスタの特性グラフと h パラメータの関係

5-2 hパラメータ等価回路

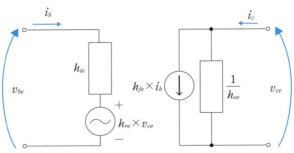

(a) hパラメータ等価回路

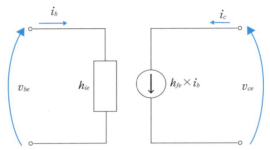

(b) 簡略化した等価回路

図5-6 hパラメータ等価回路の簡略化

[例題5-1]

図5-7の回路において、直流と交流を分けて回路解析を行うとする。交流のみ考えたときの図5-7の回路を作成しなさい。また、その回路のトランジスタをhパラメータ等価回路に置き換えた回路を作成しなさい。

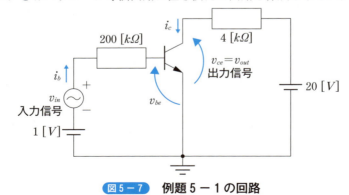

図5-7 例題5-1の回路

[解答]

　交流のみ考える場合、直流電圧源を短絡除去（削除した後、端子を接続する）します。そうすると、図5－8（a）の回路になります。この場合、交流のみで考えると、4 [$k\Omega$]の抵抗にかかる電圧とv_{ce}が同じになります。図5－8（a）の端子a、b、c、dのところからトランジスタを抜き取って、そこに図5－6（a）のhパラメータ等価回路をはめ込めば、図5－8（b）のトランジスタをhパラメータ等価回路に置き換えた回路図ができあがります。

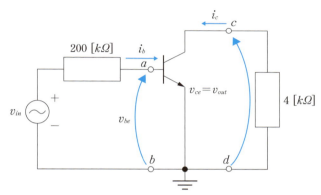

（a）直流電圧源を短絡除去した回路

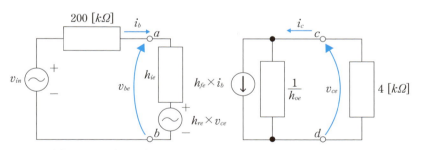

（b）トランジスタをhパラメータ等価回路におきかえた回路

図5－8　例題5－1の解答

答：図5－8

5-3 hパラメータ等価回路を使った回路解析

hパラメータ等価回路を使用して、図5-9の回路[※注]を解析し、増幅度を求めてみましょう。なお、本来なら直流のみの回路で動作点を求めて、その動作点付近のhパラメータを求めてから、この作業に入ります。動作点の計算を含めた回路解析は後ほど詳しく説明します。

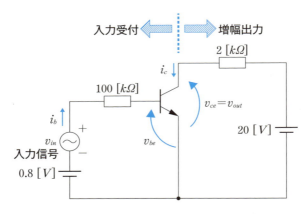

図5-9 hパラメータ等価回路で解析する回路

交流信号のみ考えるために、直流電圧源を短絡除去します。直流電圧源を短絡除去した回路を図5-10（a）に示します。図5-10（a）の回路のトランジスタの部分をhパラメータ等価回路に置き換えます。ただし、図5-10（b）のようにh_{re}とh_{oe}を省略した回路に置き換えます。h_{ie}を3 [$k\Omega$]、h_{fe}を200とします。h_{ie}は4章では省略したものです。これからの計算の流れを簡単に説明しますと、左の回路からv_{in}、右の回路からv_{out}を求めます。両方の式ともi_bを含んでいますが、電圧増幅度を求めるときに打ち消しあって数値のみが残ることになります。

※注：図5-9は4章で使用した回路と同じ。

第5章　トランジスタの等価回路

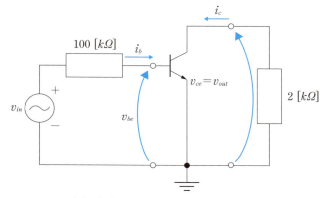

（a）直流電圧源を短絡除去した回路

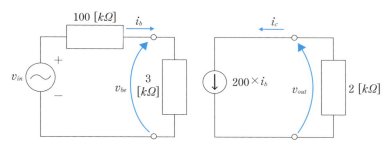

（b）hパラメータをトランジスタに適用した回路

図5－10　交流のみを考慮した回路

最初に、左側の回路のKVLの式を求めます。
$$v_{in}=(100+3)\times10^3\times i_b=103\times10^3\times i_b \tag{5-3}$$
式（5－3）の103を100に近似して式（5－4）を得ます。
$$v_{in}\fallingdotseq 100\times10^3\times i_b \tag{5-4}$$
右の回路のKVLの式を求めます。$200\times i_b$の電流が$2\,[k\Omega]$の抵抗に流れると考え、それがv_{out}の電圧になると考えてください。しかし、ここで注意するのは、電圧の値にマイナスがつきます。電圧と電流が正になるとき（通常の電圧と電流の関係）は、矢印の向きが逆向きのときです。今回は、同じ向きなので、v_{out}にマイナスをつけます。
$$v_{out}=-2\times10^3\times200\times i_b=-400\times10^3\times i_b \tag{5-5}$$
よって、電圧増幅度A_vは式（5－6）になります。
$$A_v=\left|\frac{v_{out}}{v_{in}}\right|=\left|\frac{-400\times10^3\times i_b}{100\times10^3\times i_b}\right|=4 \tag{5-6}$$

5−3 hパラメータ等価回路を使った回路解析

図5−9は4章の図4−3と同じなので、A_vが同じになります。式（5−6）からわかることは、100 [$k\Omega$] は比較的大きな抵抗なので、抵抗を小さくする（あるいは省略する）と電圧増幅度が大きくとれます。この値は、入力電圧の振幅によります。振幅が小さい（数百マイクロボルト程度）入力電圧ですと、抵抗を小さくできます。逆に振幅が大きい（数十ボルト程度）場合、抵抗を高くしないと、ベース電流が最大値を超えてしまいますので、比較的高い抵抗が必要です。

[例題5−2]

図5−11の回路（直流電圧源は短絡除去済み）で、電圧増幅度を75にしたい。負荷抵抗R_Lを求めなさい。なお、h_{ie}を2 [$k\Omega$]、h_{fe}を150とし、hパラメータ等価回路では、簡略化した等価回路を用いなさい。

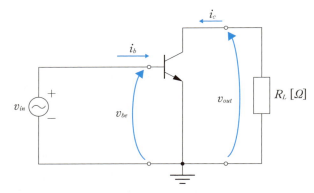

図5−11　例題5−2の回路（直流電圧源短絡除去済み）

[解答]

図5−11の回路のトランジスタをhパラメータ等価回路にすると、図5−12になります。この回路の左側のKVLを求めると式（5−7）になります。

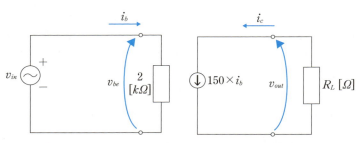

図5−12　図5−11の回路のhパラメータ等価回路

$$v_{in} = 2 \times 10^3 \times i_b \qquad (5-7)$$

右側の回路の KVL の式は式（5 − 8）になります。

$$v_{out} = -150 \times i_b \times R_L \qquad (5-8)$$

電圧増幅度を75にしたいので、式（5 − 9）から R_L を求めます。

$$A_v = \left| \frac{v_{out}}{v_{in}} \right| = \left| \frac{-150 \times i_b \times R_L}{2 \times 10^3 \times i_b} \right| = 75 \qquad (5-9)$$

$$R_L = \frac{75 \times 2 \times 10^3 \times i_b}{150 \times i_b} = 1\ [k\Omega] \qquad (5-10)$$

答：$R_L = 1\ [k\Omega]$

5-4 複雑な回路のときの考え方（入出力インピーダンス）

　hパラメータ等価回路で入力インピーダンスと出力インピーダンスという言葉がでてきました。複雑な電子回路では非常に重要なので説明します。電子回路を見ると複雑な回路が多々あります。しかし、電子回路には、機能ごとにある決まったパターンの回路があって、そのパターン回路の組み合わせで回路を構成しているのがほとんどです。したがって、機能ごとのブロックに分けて、それぞれの機能ごとに回路解析を行えば簡単です。増幅回路の場合、図5-13（a）のように増幅回路をモデル化できます。図5-13（a）の出力側は**$A \times v_{in}$の電圧源と出力インピーダンスの直列回路**になっています。トランジスタの出力側は、電流源と出力インピーダンスの並列接続です。これは、電流源を電圧源に等価変換できて、図5-13（b）のように$A \times v_{in}$の電圧源と出力インピーダンスの直列回路に変換できます。電流源→電圧源の等価変換については、ここでは説明を省略します。

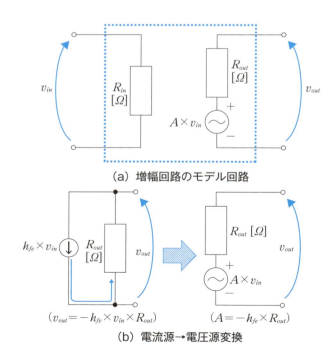

(a) 増幅回路のモデル回路

(b) 電流源→電圧源変換

図5-13 増幅回路のモデル化

例えば、図5－14の回路を図5－13（a）のモデル化したブロックを使って、図5－15に変換できます※注1。図中 v_{in2} というところの入力・出力端子の接続では、出力端子には、$A_1 \times v_{in}$ 電圧が出力されますが、実際には、**出力インピーダンス R_{o1} と入力インピーダンス R_{in2} の分圧になり**、式（5－11）となります。

$$v_{in2} = \frac{R_{in2}}{R_{o1}+R_{in2}} \times A_1 \times v_{in} \qquad (5-11)$$

R_{in2} が R_{o1} より大きければ、$A_1 \times v_{in}$ に近い電圧が出力されますが、R_{in2} が R_{o1} より小さければ小さくなるほど、v_{in2} が下がっていきます。したがって、入力インピーダンスはできるだけ大きく、出力インピーダンスはできるだけ小さいほうが、ブロック間結合時の電圧低下を防げます。

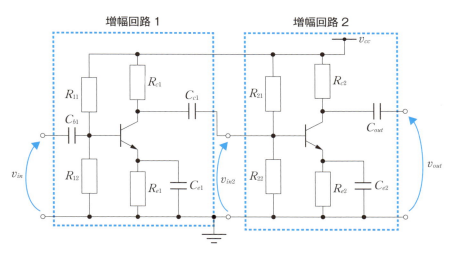

図5－14 CR 結合増幅回路※注2

※注1：より詳しい変換方法は9－5節で説明する。
※注2：CR 結合増幅回路については9章で詳しく解説する。

5-4 複雑な回路のときの考え方（入出力インピーダンス）

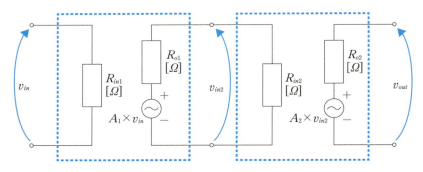

図 5-15 CR結合増幅回路のモデル化

[例題 5-3]

図5-15の回路で、A_1が100、A_2が50、R_{o1}が0 $[\Omega]$、R_{in2}が無限大のときの電圧増幅度（A_{v1}とする）を求めなさい。また、A_1が100、A_2が50、R_{o1}が2 $[k\Omega]$、R_{in2}が10 $[k\Omega]$のときの電圧増幅度（A_{v2}とする）を求めなさい。

[解答]

R_{o1}が0 $[\Omega]$、R_{in2}が無限大のとき、R_{in2}に電流が流れないので、当然、R_{o1}にも電流が流れません。したがって、抵抗による電圧降下がないので、v_{in2}は式（5-12）になります。

$$v_{in2} = 100 \times v_{in} \tag{5-12}$$

v_{out}は$50 \times v_{in2}$なので、このv_{in2}に式（5-12）を代入すると式（5-13）になります。

$$v_{out} = 100 \times 50 \times v_{in} \tag{5-13}$$

したがって、A_{v1}は式（5-14）になります。

$$A_{v1} = \left| \frac{v_{out}}{v_{in}} \right| = 100 \times 50 = 5000 \tag{5-14}$$

R_{o1}が2 $[k\Omega]$、R_{in2}が10 $[k\Omega]$のとき、v_{in2}が式（5-15）になります。

$$v_{in2} = \frac{10 \times 10^3}{(2+10) \times 10^3} \times 100 \times v_{in} \fallingdotseq 83.3 \times v_{in} \tag{5-15}$$

v_{out}は、$50 \times v_{in2}$なので、このv_{in2}に式（5-15）を代入すると式（5-16）になります。

$$v_{out} = 83.3 \times 50 \times v_{in} = 4165 \times v_{in} \tag{5-16}$$

したがって、A_{v2}は式（5-17）になります。

$$A_{v2} = \left| \frac{v_{out}}{v_{in}} \right| = 4165 \qquad (5-17)$$

　この回路では、出力インピーダンスと入力インピーダンスの比が10：2で、電圧増幅度が約83.3％減少しました。

答：$A_{v1}=5000$、$A_{v2}=4165$

第6章
トランジスタの接地回路

　トランジスタの信号増幅では、どこかの端子電圧が変動します。ただ、3つ端子とも振動してしまうと、どの端子がどれぐらい変動しているかわからないので、1つグラウンド（0[V]）に固定します（これを接地といいます）。トランジスタには3つ端子があるので、3つの接地回路があります。ちなみに、前章の説明で使用した回路は、エミッタ接地回路です。エミッタ接地を含む3つの回路の特徴を説明します。

6-1 エミッタ接地回路

　今まで説明してきた図6-1（a）のようなトランジスタ増幅回路はエミッタ接地回路といいます。図6-1（b）のような交流電圧源（入力信号）のみ考えた場合、エミッタ端子（図中の b と d）はグラウンド（電源のマイナス極をグラウンド（$0\,[V]$）にしています）で電位が固定されます。ベース端子が入力端子（図中の a）になって、入力信号によりその端子電位が振動します。その信号を増幅して、コレクタ端子（図中の c）端子電位が振動します。

　この接地回路の特徴をいろいろな数値から説明します。入力インピーダンスは h_{ie}（数 $[k\varOmega]$）です。出力インピーダンスは $1/h_{oe}$ と R_c との並列接続の合成抵抗ですが、$1/h_{oe}$ が大きく無視できるので、R_c の大きさになります。電流増幅率は h_{fe} です。電圧増幅度は $(h_{fe} \times R_c)/h_{ie}$ になります（約100倍）。

　入力電力がどのぐらい増幅されて出力電力として出力されたか示す数値として電力増幅度というものがあります。これは、通常の電力計算と同様に電流増幅度×電圧増幅度で計算されます。エミッタ接地では、電流増幅度、電圧増幅度ともに大きな値なので、電力増幅度も大きくなります。

　入力波形に対して出力波形は逆相（位相が180度ずれている）です。5-3節でエミッタ接地回路を解析した際、v_{out} がマイナスの値でした。このマイナスが逆相の意味です。

第6章 トランジスタの接地回路

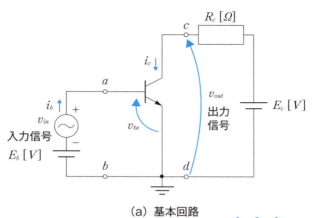

（a）基本回路

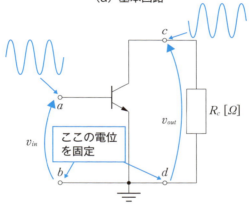

（b）交流のみ考えた回路

図6−1 エミッタ接地回路の基本回路

6-2 ベース接地回路

図6-2（a）にベース接地回路の基本回路を示します。エミッタ接地回路の基本回路と同様に、この回路はうまく動きません。実際は、図6-2（b）のような回路で動作させます。図6-2（b）では、ベースがグラウンドには接地されていないように見えます。しかし、交流のみで考えると、コンデンサ（C_b）のインピーダンスが非常に低いので、コンデンサが短絡除去できて、ベース端子がグラウンドに接地されたことになります。

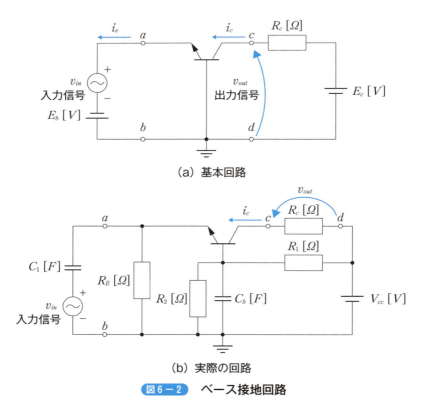

(a) 基本回路

(b) 実際の回路

図6-2 ベース接地回路

増幅動作は、エミッタ接地回路と原理的にはほぼ同じです。エミッタ接地では、エミッタを固定してベース端子の電位を振動させて、v_{be}を変動させます。一方、ベース接地では、図6-3（a）のようにベースを固定して、エミッタ端

子の電位を振動させて、v_{be} を変動させます。ただし、入力波形に対して、同相（位相のずれがない）で出力されます。

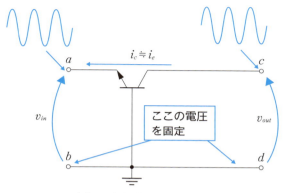

（a）入出力波形と端子電圧固定位置

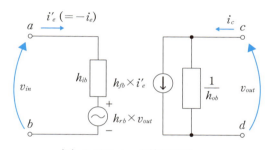

（b）h パラメータ等価回路

図 6 − 3　ベース接地回路の特徴と h パラメータ等価回路

　ベース接地回路も図 6 − 3 (b) のように h パラメータ等価回路として扱うことができます。このときの h パラメータはエミッタ接地回路の h パラメータと異なります。接地方式ごとに h パラメータを区別できるよう、添え字の最後の英文字を接地方式の頭文字にしています。つまり、エミッタ接地回路の h パラメータは、それぞれ h_{ie}、h_{re}、h_{fe}、h_{oe} と添え字の最後を「e」にしています。ベース接地回路の h パラメータは添え字の最後を「b」にします。したがって、ベース接地回路の h パラメータは、それぞれ、h_{ib}、h_{rb}、h_{fb}、h_{ob} となります。ベース接地回路の h パラメータをエミッタ接地回路の h パラメータで表すことができて、式（6 − 1）から式（6 − 4）で表せます。

6-2 ベース接地回路

$$h_{ib} = \frac{h_{ie}}{1+h_{fe}} \tag{6-1}$$

$$h_{rb} = \frac{h_{ie}h_{oe}}{1+h_{fe}} - h_{re} \tag{6-2}$$

$$h_{fb} = -\frac{h_{fe}}{1+h_{fe}} \quad (\text{ほぼ} -1) \tag{6-3}$$

$$h_{ob} = \frac{h_{oe}}{1+h_{fe}} \tag{6-4}$$

ベース接地回路の特徴をいろいろな数値で説明します。入力インピーダンスは式（6-1）から約数十[Ω]（数[$k\Omega$]を数百で割っているので）です。出力インピーダンスは、$1/h_{ob}$と負荷抵抗との並列接続の合成抵抗ですが、h_{ob}がh_{oe}よりさらに小さくなって無視できるので、エミッタ接地とほぼ同じの大きさになります。電流増幅率は式（6-3）からわるように、ほぼ-1です。これは、出力側の電流とベース電流が入力に流れ込みますが、ベース電流は無視できるぐらい小さいので、入力電流と出力電流の流れる量は、ほぼ同じということになります。電圧増幅度はエミッタ接地回路とほぼ同じ増幅度が得られます。

ベース接地回路の電力増幅度は、電流増幅度がほぼ-1、電圧増幅度は大きな値なので、電力増幅度は大きくなります。

［例題6-1］

図6-2（b）の回路を交流のみ考え、トランジスタを図6-3（b）の等価回路（h_{ob}とh_{rb}の部分を省略）に変えた回路を作成しなさい。また、作成した回路で電圧増幅度を計算しなさい。なお、計算するときは、以下の条件を用いなさい。

1. h_{ie}を2[$k\Omega$]、h_{fe}を150とし、式（6-1）と式（6-3）を用いて、h_{ib}とh_{fb}に変換しなさい。
2. R_cは1[$k\Omega$]とし、コンデンサのC_1とC_bは、インピーダンスが低いので、短絡除去しなさい。
3. $R_1=32[k\Omega]$、$R_2=8[k\Omega]$、$R_E=1[k\Omega]$としなさい。

［解答］

図6-2（b）の回路の直流電圧源と条件2のコンデンサを短絡除去すると、図6-4（a）になります。コンデンサC_bを短絡除去すると、ベースがグラウンドと直結し、そこにしか電流が流れなくなるので、両サイドの8[$k\Omega$]と32[$k\Omega$]の抵抗も除去できます。トランジスタを図6-3（b）の等価回路（h_{ob}とh_{rb}の

部分を省略）に変えると図6－4（b）になります。

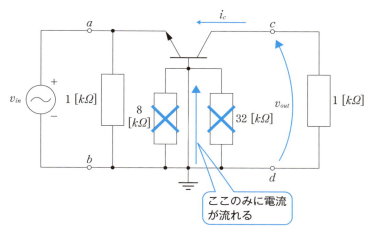

（a）交流のみ考えた回路

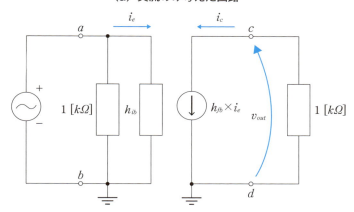

（b）トランジスタを等価回路におきかえた回路

図6－4　図6－2（b）の交流のみ考えた回路

図6－4（b）の h_{ib} は、式（6－1）を利用して式（6－5）のように計算できます。

$$h_{ib} = \frac{2 \times 10^3}{1 + 150} \fallingdotseq 13.2 \tag{6－5}$$

図6－4（b）の左側の回路から式（6－6）が得られます。

$$v_{in} = 13.3 \times i_e \tag{6－6}$$

式（6－6）から h_{fb} は -1 として考えると、右の回路から式（6－7）が得られます。

$$v_{out} = -h_{fb} \times i_e \times 1 \times 10^3 = -(-1) \times i_e \times 1 \times 10^3 = 1000 \times i_e \quad （6－7）$$

したがって、電圧増幅度 A_v は式（6－8）になります。

$$A_v = \left| \frac{v_{out}}{v_{in}} \right| = \left| \frac{1000 \times i_e}{13.2 \times i_e} \right| \fallingdotseq 75.8 \quad （6－8）$$

例題 6－1 の A_v の値は、例題 5－2 のエミッタ接地回路の数値とほぼ同じです。このように計算からも、ベース接地回路の電圧増幅度はエミッタ接地回路の電圧増幅度とほぼ同じ大きさであることが確かめられます。

答：図 6－4（b）の回路図、電圧増幅度 $\fallingdotseq$ 75.8

6-3 コレクタ接地回路（エミッタフォロワ）

図6-5にコレクタ接地回路の基本回路を示します。エミッタ接地・ベース接地回路の基本回路と同様に、この回路は実際うまく動きません。実際は、図6-6のような1つの電源（単電源）で動作させます。

この回路は入力電圧を増幅して出力するというのではなく、バッファと呼ばれる機能を持っていて、入出力インピーダンスの変換を行います。つまり、入力インピーダンスが低い入力端子にこの回路を接続し、入力インピーダンスを高くしたり、出力インピーダンスが高い出力端子にこの端子をつけて、出力インピーダンスを低くしたりします。したがって、電圧増幅度はほぼ1で、入力電圧がほぼそのまま出力端子に出力されます。この機能は、いろいろな機能ブロックの入力端子と出力端子を接続するときに必要になります※注。

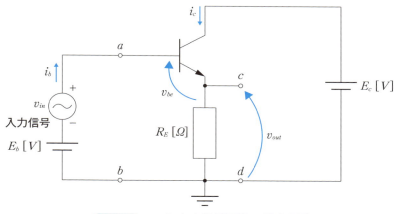

図6-5 コレクタ接地回路の基本回路

※注：5-4節を参照。

6-3 コレクタ接地回路（エミッタフォロワ）

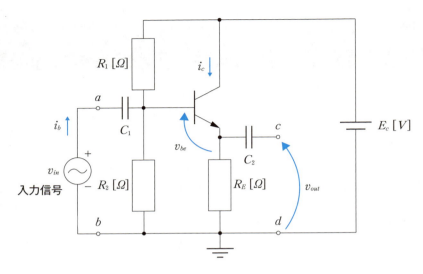

図6-6 実用的なコレクタ接地回路

動作原理は、前述の2つの方式とは異なります。入力電圧はエミッタ接地回路と同様にベース端子に入力されます。例えば、ベース端子の電位を上げる方向（v_{be}が大きくなる方向）に入力電圧が変化したとき、それに伴いベース電流が流れます。しかし、それとほぼ同時に数百倍のコレクタ電流が流れて、それが、R_Eに流れます。そうしますと、R_Eの電圧が大きくなり、エミッタ端子の電位が上がりますので、v_{be}が小さくなり、もとの状態にもどります。つまり、v_{be}が大きくなると、v_{be}が小さくなって、v_{be}が変わらないということになります。$v_{in}=v_{be}+v_{out}$で、変化量で考えると、v_{be}が一定なので、図6-7（a）のように、v_{in}とv_{out}の変化量が同じになります。

コレクタ接地回路も図6-7（b）のようにhパラメータ等価回路として扱うことができます。コレクタ接地回路のhパラメータは添え字の最後を「c」にします。したがって、コレクタ接地回路のhパラメータは、それぞれ、h_{ic}、h_{rc}、h_{fc}、h_{oc}となります。コレクタ接地回路のhパラメータをエミッタ接地回路のhパラメータで表すことができて、式（6-9）から式（6-12）で表わせます。

$$h_{ic}=h_{ie} \tag{6-9}$$
$$h_{rc}=1-h_{re}（ほぼ1） \tag{6-10}$$
$$h_{fc}=-(1+h_{fe}) \tag{6-11}$$
$$h_{ob}=h_{oe} \tag{6-12}$$

コレクタ接地回路の特徴を説明します。入力インピーダンスは、非常に高いで

す。電圧帰還率がほぼ1なので、入力の変化と同じ程度電圧の帰還があって、入力の変化を打ち消します。そうすると、入力電流が流れないように見えるので、入力インピーダンスは非常に高くなります（高い抵抗ほど、電流を流しにくくするので）。出力インピーダンスは非常に低くなります。出力端子にいろいろな抵抗を接続しても、v_{in} と同じように v_{out} が変化します。もし、出力インピーダンスがあれば、出力端子に接続した負荷抵抗が変わると、出力インピーダンスと出力端子に接続した負荷抵抗の割合で、電圧が変化します。しかし、その電圧変化がないということは、出力インピーダンスが0に近いことを意味します。

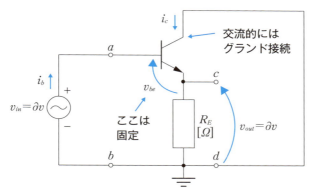

（a）交流時の入出力電圧の関係

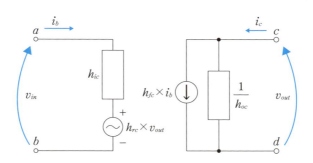

（b）h パラメータ等価回路

図6-7 コレクタ接地回路の説明と h パラメータ等価回路

第7章
トランジスタのバイアス回路

　これまで、わかりやすく説明するため、トランジスタを理想的なトランジスタと考え、回路を説明してきました。しかし、実際は温度などにより、トランジスタの特性が変わってしまいますので、今まで説明してきた回路のほとんどは使われていません。また、電源を2つ必要としますので、部品コストが上がってしまいます。これらの問題を解決するために、今から説明するバイアス回路を使います。本章では、一般的なトランジスタの回路解析手順やバイアス回路の必要性を説明した後に、具体的なバイアス回路について説明します。

7-1 バイアス回路の必要性

　6章までは、トランジスタの特性、動作点、増幅の仕組み、回路解析で使用する等価回路を説明しました。これらを駆使し、より実用的なトランジスタ増幅回路を解析します。実用的なトランジスタ増幅回路の解析手順は、どのような回路構成でもほぼ同じで、以下のようになります。

①直流のみ考えて、動作点を求める。
②動作点付近のhパラメータを求める。
③交流のみ考えた回路構成に変え、トランジスタをhパラメータ等価回路に置き換える。
④③の回路で、電圧増幅度を求める。

　バイアス回路は、①の動作点の電圧、電流を決めるのに必要な回路です。
　これまで説明で使用してきたトランジスタの基本回路は、主に2つの問題があります。1つは温度変化による特性の変化、もう1つは電源が2つあることによる部品コストの増大です。
　特性変化の問題について説明します。トランジスタやダイオードなどの半導体で作られている素子は、抵抗などの素子に比べ、温度変化に弱い素子です。つまり、温度が上昇したりすると、電流が流れやすくなって、低くなると電流が流れにくくなります。電流が流れると半導体自体が熱を発するので、ますます温度が上がって、さらに電流が流れやすくなります。そうなると、動作点がずれるので、hパラメータも変わり、設計した増幅度が得られません。バイアス回路の目的は、後述する電源を1つにすることですが、同時に電流を制御して、動作点をずらさないような回路構成にすることです（固定バイアス回路を除く）。
　部品コストの増大について説明します。トランジスタ増幅回路の基本回路は、入力側と出力側にそれぞれ直流電圧源があります。これは、2つの電圧が異なるからです。この問題を解決するためには、電圧をそろえるか、1つの電源から2つの電圧を作るかです。バイアス回路は後者になります。
　ここでいうバイアスとは、**トランジスタに流す直流の電圧・電流**のことです。4-2節で説明したとおり、この電圧・電流は、信号をひずみなく増幅するために必要な電圧・電流です。縄できれいな波を作るときの少し持ち上げる行為と同じ働きをします。トランジスタ増幅回路の基本回路は、このバイアスを2つの直

流電圧源で作っていました。その1つの電圧を回路的に作るので、バイアス回路といいます。

1つの電源で、異なる電圧値を作る簡単な方法としては、抵抗を2つ使って1つの電圧を分圧することです。図7－1のような回路を作って、信号を入力すると、出力側には式（7－1）の V_{center} の電圧を中心して波形が出力されます。

$$V_{center} = \frac{R_2}{R_1+R_2} \times V_{cc} \qquad (7－1)$$

トランジスタ増幅回路のバイアス回路は主に3種類あります。固定バイアス回路、自己バイアス回路、電流負帰還バイアス回路です。直流電圧源は、動作点を求めるときに必要な値なので、各バイアス回路での動作点の求め方を中心にバイアス回路を説明します。

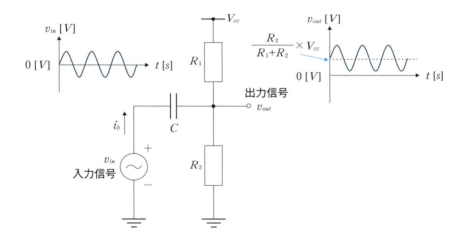

図7－1 簡単なバイアス回路構成

7-2 固定バイアス回路

　図7-2(a)に固定バイアス回路を示します。固定バイアス回路は、ベース端子をプルアップ（抵抗を挟んで電源と接続すること）した形になり、比較的簡単でかつ回路解析しやすい回路です。なお、入力側のコンデンサは、入力信号の直流成分をカットし、出力側のコンデンサは、固定バイアスの直流成分が出力側に流れないようにしています。このことにより、動作点が入力信号や出力に接続する回路ブロック（または負荷）に影響されないようにしています。この回路は簡単に構成・解析できる反面、特性変動に弱く、トランジスタに大きな電力（熱）が生じるような増幅には使われません。したがって、コレクタ電流がだいたい $2\,[mA] \sim 3\,[mA]$ 流れる程度の比較的電力消費が少ない増幅に使われます。

　図7-2(a)の固定バイアス回路を解析し、電圧増幅率を求めます。7-1節の手順①として、直流のみ考えた回路に直して、動作点を求めます。ここでは、直流と関係ないのは入力電圧信号 v_{in} です。入力電圧信号は交流に分類できるので、これを短絡除去（素子を削除し、残った端子を接続する）します。また、コンデンサは直流を通さないので、これは開放除去（素子を削除し、残った端子をそのまま開放する）します。そうすると、図7-2(b)の回路になります。

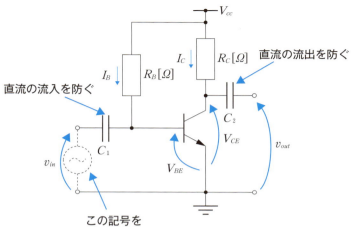

(a) 固定バイアス回路

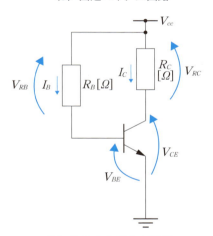

(b) 直流のみ考えた回路

図7－2 固定バイアス回路

図7－2(b)からI_Bを求めた後に、I_Cを求めます。$V_{cc} \to R_B \to$ベース→エミッタ→GNDの経路でKVLを適用すると、式（7－2）になります。

$$V_{cc} = V_{RB} + V_{BE} = R_B \times I_B + V_{BE} \tag{7－2}$$

式（7－2）からI_Bを求めると、式（7－3）になります。

$$I_B = \frac{V_{cc} - V_{BE}}{R_B} \tag{7－3}$$

7-2 固定バイアス回路

I_B と I_C の関係は、$I_C = h_{FE} \times I_B$ です。なお、この h パラメータは**直流時の電流増幅率**を表しています。先の交流時の h パラメータとは異なるということで、「*FE*」と大文字で表記しています。この $I_C = h_{FE} \times I_B$ と式（7-3）から、I_C は式（7-4）で表すことができます。

$$I_C = \frac{(V_{cc} - V_{BE}) \times h_{FE}}{R_B} \qquad (7-4)$$

この I_C を使って、V_{CE} を求めます。$V_{cc} \rightarrow R_C \rightarrow$ コレクタ $\rightarrow$ エミッタ $\rightarrow GND$ の経路で KVL を適用すると、式（7-5）になります。

$$V_{cc} = V_{RC} + V_{CE} = R_C \times I_C + V_{CE} \qquad (7-5)$$

式（7-5）に式（7-4）の I_C を代入し、V_{CE} を求めると、式（7-6）になります。

$$V_{CE} = V_{cc} - \frac{(V_{cc} - V_{BE}) \times h_{FE} \times R_C}{R_B} \qquad (7-6)$$

以上のことをまとめると、固定バイアス回路の動作点は、式（7-7）になります。

$$I_C = \frac{(V_{cc} - V_{BE}) \times h_{FE}}{R_B} 、 V_{CE} = V_{cc} - \frac{(V_{cc} - V_{BE}) \times h_{FE} \times R_C}{R_B} \qquad (7-7)$$

手順②として、手順①から求められた動作点から、h パラメータの値を求めます。今回、簡略化した h パラメータ等価回路を使いますので、h_{ie} と h_{fe} の値をスペックシートから求めます[※注]。

手順③として、図7-2（a）の回路を交流のみ考えた回路に直します。直流電圧源は**短絡除去**します。また、コンデンサもインピーダンスが低いとして、**短絡除去**します。さらに、トランジスタを簡略化した h パラメータ等価回路に置き換えます。そうすると、図7-2（a）を交流のみ考えた回路は、図7-3になります。

手順④として、図7-3から電圧増幅度を求めます。この回路の左側の回路の h_{ie} にかかる電圧は v_{in} なので、v_{in} は式（7-8）で表されます。

$$v_{in} = h_{ie} \times i_b \qquad (7-8)$$

右側の回路では、R_C の抵抗に $h_{fe} \times i_b$ の電流が流れます。したがって、v_{out} は式（7-9）で表せます。なお、電流の流れる向きが、v_{out} にとって負となる向きなので、マイナスがつきます。

$$v_{out} = -h_{fe} \times i_b \times R_C \qquad (7-9)$$

式（7-8）と式（7-9）から電圧増幅度 A_v を求めると、式（7-10）に

※注：または、スペックシートに載っている動作点になるように手順①で抵抗を決める。

なります。

$$A_v = \left|\frac{v_{out}}{v_{in}}\right| = \left|\frac{-h_{fe} \times i_b \times R_C}{h_{ie} \times i_b}\right| = \frac{h_{fe} \times R_C}{h_{ie}} \qquad (7-10)$$

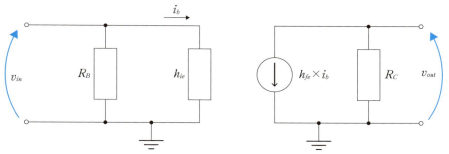

図7−3 固定バイアス回路の交流のみ考えた回路※注

※注：GND の記号は、省略されることがある。

7−2　固定バイアス回路

[例題 7−1]

図 7−4 の回路において、動作点（V_{CE}、I_C）が（6 [V]、3 [mA]）のバイアスで動作させたい。このときの R_B と R_C を求めなさい。また、そのときの電圧増幅度 A_v を求めなさい。なお、直流の電流増幅度（h_{FE}）と動作点付近の交流の電流増幅度（h_{fe}）ともに150とし、動作点付近の h_{ie} を 4 [kΩ] としなさい。また、コンデンサは直流のみ考えたときは開放除去、交流のみ考えたときは短絡除去しなさい。

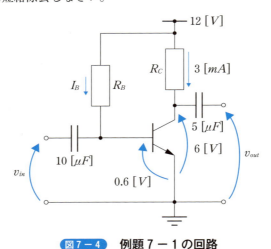

図 7−4　例題 7−1 の回路

[解答]

$I_C = 3$ [mA]、$h_{FE} = 150$ で、$I_B = I_C / h_{FE}$ なので、I_B が 20 [μA] になります。
式（7−3）から R_B を求めると式（7−11）なります。

$$R_B = \frac{V_{cc} - V_{BE}}{I_B} = \frac{12 - 0.6}{20 \times 10^{-6}} = 5.7 \times 10^5 = 570 \text{ [kΩ]} \quad (7-11)$$

式（7−5）から R_C を求めると、式（7−12）になります。

$$R_C = \frac{V_{cc} - V_{CE}}{I_C} = \frac{12 - 6}{3 \times 10^{-3}} = 2 \times 10^3 = 2 \text{ [kΩ]} \quad (7-12)$$

式（7−10）から電圧増幅度は式（7−13）になります。

$$A_v = \frac{h_{fe} \times R_C}{h_{ie}} = \frac{150 \times 2 \times 10^3}{4 \times 10^3} = 75 \quad (7-13)$$

答：$R_B = 570$ [kΩ]、$R_C = 2$ [kΩ]、電圧増幅度 $A_v = 75$

7-3 自己バイアス回路

　固定バイアス回路ですと、トランジスタでの電力消費が大きくなると特性が変わり、動作点も変わってしまいます。そこで、動作点を安定させる回路にしたのが自己バイアス回路です。自己バイアス回路を図7-5に示します。図7-6に示す直流のみ考えた回路から動作点が安定する仕組みを説明すると、以下の通りになります。

1. トランジスタが熱を持ち直流の電流増幅度（h_{FE}）が上昇したとします。そうなると、コレクタ電流I_Cが増加します。
2. I_Cが増加すると、R_Cの電圧降下から点aの電位が下がります。
3. V_{BE}がほぼ固定されていますので、V_{RB}の電圧が下がり、I_Bが下がります。
4. I_Bが下がるとI_Cも下がります。下がりすぎると、この逆の現象がおきるので、I_Cが安定します。
5. I_Cが安定すると、点aの電位が固定されますので、V_{CE}も固定され、動作点が安定します。

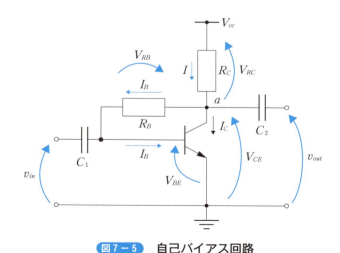

図7-5　自己バイアス回路

7-3 自己バイアス回路

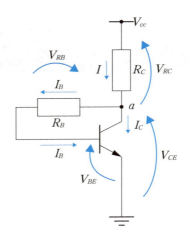

図7-6 自己バイアス回路の直流のみ考えた回路

図7-6の直流のみ考えた回路から動作点を求めます。この回路の KVL の式は式（7-14）と式（7-15）になります

$$V_{RB} = R_B \times I_B = V_{CE} - V_{BE} \tag{7-14}$$

$$V_{cc} = V_{RC} + V_{CE} = R_C \times I + V_{CE} \tag{7-15}$$

また、点 a での KCL は式（7-16）になります。

$$I = I_B + I_C \tag{7-16}$$

直流の電流増幅度（h_{FE}）から I_C と I_B の関係は、式（7-17）になります。

$$I_C = h_{FE} \times I_B \tag{7-17}$$

以上が自己バイアス回路の直流電流・電圧の関係式になります。これらの式から動作点を求めていきます。

式（7-14）から I_B は式（7-18）になります。

$$I_B = \frac{V_{CE} - V_{BE}}{R_B} \tag{7-18}$$

式（7-15）に式（7-16）を代入すると式（7-19）になります。

$$V_{cc} = R_C \times (I_B + I_C) + V_{CE} \tag{7-19}$$

式（7-19）に式（7-17）を代入して I_C を消し、$(1 + h_{FE})$ を h_{FE} と近似すると、式（7-20）になります。

$$V_{cc} = R_C \times (1 + h_{FE}) \times I_B + V_{CE} \fallingdotseq R_C \times h_{FE} \times I_B + V_{CE} \tag{7-20}$$

式（7-20）の変形をして、V_{CE} を求める式にすると式（7-21）になります。

$$V_{CE} = V_{cc} - R_C \times h_{FE} \times I_B \tag{7-21}$$

式（7-21）を式（7-18）に代入して V_{CE} を消すと、式（7-22）になり

ます。

$$I_B = \frac{V_{cc} - R_C \times h_{FE} \times I_B - V_{BE}}{R_B} \quad (7-22)$$

式（7－22）の右辺の I_B を左辺に移動して整理すると、式（7－23）になります。

$$R_B \times I_B = V_{cc} - R_C \times h_{FE} \times I_B - V_{BE}$$

$$(R_C \times h_{FE} + R_B) \times I_B = V_{cc} - V_{BE}$$

$$I_B = \frac{V_{cc} - V_{BE}}{R_C \times h_{FE} + R_B} \quad (7-23)$$

式（7－23）を式（7－17）に代入して I_C を求めると、式（7－24）になります。

$$I_C = \frac{(V_{cc} - V_{BE}) \times h_{FE}}{R_C \times h_{FE} + R_B} \quad (7-24)$$

また、式（7－23）を式（7－21）に代入して V_{CE} を求めると、式（7－25）になります。

$$V_{CE} = V_{cc} - \frac{R_C \times h_{FE} \times (V_{cc} - V_{BE})}{R_C \times h_{FE} + R_B} \quad (7-25)$$

したがって、動作点は式（7－26）になります。

$$V_{CE} = V_{cc} - \frac{R_C \times h_{FE} \times (V_{cc} - V_{BE})}{R_C \times h_{FE} + R_B}, \quad I_C = \frac{(V_{cc} - V_{BE}) \times h_{FE}}{R_C \times h_{FE} + R_B} \quad (7-26)$$

動作点が求められ、動作点付近の h パラメータの値もわかるので、電圧増幅度を求めます。図7－5の回路を交流のみ考えた回路に直します。直流電圧源は短絡除去します。また、コンデンサもインピーダンスが低いとして、短絡除去します。さらに、トランジスタを簡略化した h パラメータ等価回路に置き換えます。そうすると、図7－5を交流のみ考えた回路は、図7－7になります。

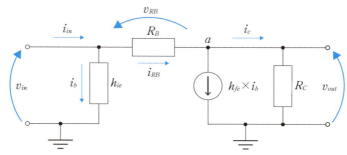

図7－7 自己バイアス回路の交流のみ考えた回路

7-3 自己バイアス回路

固定バイアスと同様に、v_{in} を h_{ie} と i_b で表すと式（7-27）になります。

$$v_{in} = h_{ie} \times i_b \tag{7-27}$$

点 a での KCL の式は式（7-28）になります。

$$i_{RB} = i_c + h_{fe} \times i_b \tag{7-28}$$

R_C の抵抗には、v_{out} が正になる電流 i_c と負となる電流 $h_{fe} \times i_b$ が流れるので、v_{out} の電圧（＝R_C の電圧）は、式（7-29）になります。

$$v_{out} = (i_c - h_{fe} \times i_b) \times R_C \tag{7-29}$$

また、i_{RB} は式（7-30）になります。

$$i_{RB} = \frac{v_{RB}}{R_B} = \frac{v_{in} - v_{out}}{R_B} \tag{7-30}$$

式（7-28）を式（7-29）に代入し、i_c を消し、さらに式（7-27）を使って i_b を消すと、式（7-31）になります。

$$i_{RB} = \frac{v_{out}}{R_C} + h_{fe} \times i_b + h_{fe} \times i_b = \frac{v_{out}}{R_C} + 2 \times h_{fe} \times i_b = \frac{v_{out}}{R_C} + 2 \times \frac{h_{fe}}{h_{ie}} \times v_{in} \tag{7-31}$$

式（7-30）と式（7-31）から電圧増幅度を求めると、式（7-32）になります。

$$\left(\frac{1}{R_B} - 2 \times \frac{h_{fe}}{h_{ie}}\right) \times v_{in} = \left(\frac{1}{R_C} + \frac{1}{R_B}\right) \times v_{out}$$

$$\left(\frac{h_{ie} - 2 \times h_{fe} \times R_B}{R_B \times h_{ie}}\right) \times v_{in} = \left(\frac{R_B + R_C}{R_C \times R_B}\right) \times v_{out}$$

$$A_v = \left|\frac{v_{out}}{v_{in}}\right| = \left|\frac{(h_{ie} - 2 \times h_{fe} \times R_B) \times R_C \times R_B}{R_B \times h_{ie} \times (R_B + R_C)}\right| \tag{7-32}$$

[例題 7 − 2]

図 7 − 8 の自己バイアス回路の動作点と電圧増幅度を求めなさい。なお、直流の電流増幅度（h_{FE}）と動作点付近の交流の電流増幅度（h_{fe}）ともに150とし、動作点付近の h_{ie} を $4\,[k\Omega]$ としなさい。また、コンデンサは直流のみ考えたときは開放除去、交流のみ考えたときは短絡除去しなさい。

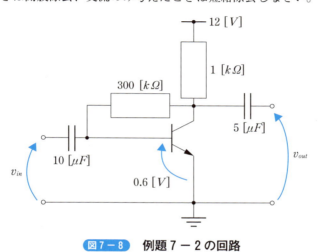

図 7 − 8　例題 7 − 2 の回路

[解答]

図 7 − 5 と同じ回路なので、式（7 − 24）から I_B が求められ、式（7 − 33）になります。

$$I_C = \frac{(V_{cc}-V_{BE})\times h_{FE}}{R_C \times h_{FE}+R_B} = \frac{(12-0.6)\times 150}{1\times 10^3 \times 150 + 300 \times 10^3} = 3.8\,[mA]$$

（7 − 33）

求める V_{CE} は、式（7 − 25）により式（7 − 34）になります。

$$V_{CE} = 12 - \frac{1\times 10^3 \times 150 \times (12-0.6)}{1\times 10^3 \times 150 + 300 \times 10^3} = 8.2\,[V]$$

（7 − 34）

電圧増幅度は、式（7 − 32）から求められ、式（7 − 35）になります。

$$A_v = \left|\frac{(4\times 10^3 - 2\times 150 \times 300 \times 10^3)\times 1\times 10^3 \times 300 \times 10^3}{300\times 10^3 \times 4\times 10^3 \times (300\times 10^3 + 1\times 10^3)}\right| \fallingdotseq 74.7$$

（7 − 35）

答：動作点 $V_{CE}=8.2\,[V]$、$I_C=3.8\,[mA]$　電圧増幅度 $A_v \fallingdotseq 74.7$

7-4 電流負帰還バイアス回路

　自己バイアス回路では、簡単に動作点が安定する回路ができますが、後述するトランス結合型増幅回路（電力増幅回路）では使用できません。また、自己バイアス回路では、動作点や増幅度の自由度があまりないので、設計者が希望する動作点や増幅度にすることが難しいです。図7－9（a）に示す電流負帰還バイアス回路は、自己バイアス回路の欠点を解決する回路となり、よく使われる回路です。交流時にC_3が交流電流をバイパスしてグラウンドに流すので（**バイパスコンデンサ**といいます）、エミッタ接地回路になります。図7－9（b）に示す直流のみ考えた回路をもとに、動作点が安定する仕組みを説明すると、以下の通りになります。

1. トランジスタが熱を持ち直流の電流増幅度（h_{FE}）が上昇したとします。そうなると、コレクタ電流I_Cが増加します。
2. I_Cが増加すると、I_Eも増加します。
3. I_Eが増加すると、V_{RE}も増加します。
4. 点aの電位（$V_{RE}+V_{BE}$）が上がります。
5. V_{R1}が下がるので、I_{R1}が下がります。一方、V_{R2}が上がるがるので、I_{R2}も上がります。
6. I_{R1}が下がり、I_{R2}も上がると、I_Bが下がります。
7. I_Bが下がるとI_Cも下がります。下がりすぎると、この逆の現象がおきるので、I_Cが安定します。
8. I_EはほぼI_Cなので、安定し、I_Cが安定すると、V_{CE}も安定し、動作点が安定します。

第7章　トランジスタのバイアス回路

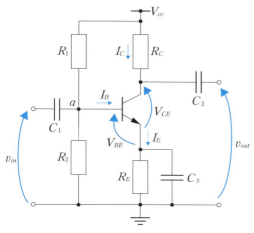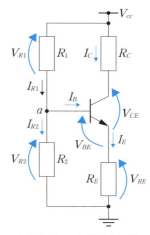

（a）電流負帰還バイアス回路　　　（b）直流のみ考えた回路

図7－9　電流負帰還バイアス回路

　図7－9（b）の直流のみ考えた回路から動作点を求めます。その際、$I_E = I_C + I_B$ なのですが、多くの場合、I_B が I_C の1/100以下であるので、I_B を無視し、$I_E = I_C$ とします。点 a の電位を「GND→R_E→エミッタ端子→ベース端子」の経路で求めると式（7－36）になります。

$$\text{点 } a \text{ の電位} = V_{RE} + V_{BE} = R_E \times I_C + V_{BE} \tag{7－36}$$

　また、点 a の電位を R_1 と R_2 の分圧の法則で求めると式（7－37）になります。

$$\text{点 } a \text{ の電位} = \frac{R_2}{R_1 + R_2} \times V_{cc} \tag{7－37}$$

　式（7－36）と式（7－37）は同じ値になるはずなので、イコールで結び、I_C で整理すると、式（7－38）になります。

$$R_E \times I_C + V_{BE} = \frac{R_2}{R_1 + R_2} \times V_{cc}$$

$$I_C = \frac{\left(\dfrac{R_2}{R_1 + R_2} \times V_{cc} - V_{BE}\right)}{R_E} \tag{7－38}$$

　V_{CE} は、「GND→R_E→エミッタ端子→コレクタ端子→R_C→V_{cc}」の経路で KVL を適用して求めると、式（7－39）になります。

$$V_{CE} = V_{cc} - (R_C + R_E) \times I_C \tag{3－39}$$

　（I_C は（7－38）式で求める）

　動作点が求められ、動作点付近の h パラメータの値もわかるので、電流負帰

7-4 電流負帰還バイアス回路

還バイアス回路の電圧増幅度を求めます。図7－9（a）の回路を交流のみ考えた回路に直します。直流電圧源とコンデンサを短絡除去します。そうすると、図7－10（a）の回路になります。ここで、コンデンサ C_3 を短絡除去してできた経路に交流電流のほとんどが流れますので、R_E は無視（除去）できます。図7－10（a）の回路のトランジスタを簡略化した h パラメータ等価回路に置き換えると図7－10（b）になります。

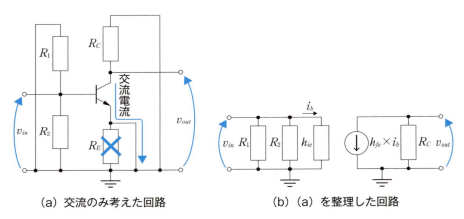

（a）交流のみ考えた回路　　　　（b）（a）を整理した回路

図7－10　電流負帰還バイアス回路の交流のみ考えた回路

図7－10（b）で、左側の回路の h_{ie} にかかる電圧が v_{in} なので、v_{in} は式（7－40）で表されます。R_1 と R_2 は関係ありません。

$$v_{in} = h_{ie} \times i_b \tag{7-40}$$

右側の回路では、R_C の抵抗に $h_{fe} \times i_b$ の電流が流れます。したがって、v_{out} は式（7－41）で表せます。なお、電流の流れる向きが、v_{out} にとって負となる向きなので、マイナスがつきます。

$$v_{out} = -h_{fe} \times i_b \times R_C \tag{7-41}$$

式（7－40）と式（7－41）から電圧増幅度 A_v を求めると、式（7－42）になります。

$$A_v = \left| \frac{v_{out}}{v_{in}} \right| = \left| \frac{-h_{fe} \times i_b \times R_C}{h_{ie} \times i_b} \right| = \frac{h_{fe} \times R_C}{h_{ie}} \tag{7-42}$$

[例題7-3]

図7-11の電流負帰還バイアス回路の電圧増幅度を求めなさい。なお、動作点付近のhパラメータは、表7-1から選びなさい。

表7-1 例題7-3のhパラメータ

I_C [mA]	V_{CE} [V]	h_{fe}	h_{ie} [kΩ]
1.8	6.8	100	2
1.8	6.9	120	3
2.0	7.0	140	4
2.0	7.1	160	5
2.2	7.2	180	6
2.2	7.3	200	7

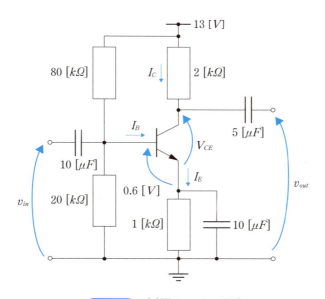

図7-11 例題7-3の回路

[解答]

図7-11の動作点を求めます。式(7-38)よりI_Cを求めると、式(7-43)

7−4 電流負帰還バイアス回路

になります。

$$I_C = \frac{\left(\frac{20 \times 10^3}{(80+20) \times 10^3} \times 13 - 0.6\right)}{1 \times 10^3} = \frac{0.2 \times 13 - 0.6}{1 \times 10^3} = 2\,[mA] \quad (7-43)$$

式（7−39）から V_{CE} を求めると、式（7−44）になります。

$$V_{CE} = 13 - (2+1) \times 10^3 \times 2 \times 10^{-3} = 7\,[V] \quad (7-44)$$

動作点は 7 [V]、2 [mA] になります。この動作点付近の h パラメータは表 7−1 より、$h_{fe} = 140$、$h_{ie} = 4\,[kΩ]$ です。

式（7−42）より電圧増幅度を求めると、式（7−45）になります。

$$A_v = \frac{h_{fe} \times R_C}{h_{ie}} = \frac{140 \times 2 \times 10^3}{4 \times 10^3} = 70 \quad (7-45)$$

<u>答：電圧増幅度 $A_v = 70$</u>

第 8 章
多段結合増幅回路における基本事項

　大きな増幅度を得るために、トランジスタ増幅回路を複数つなぎ合わせることがあります。そのときの接続の仕方には大きく分けて2つあります。1つはCR結合型、もう1つはトランス結合型です。これらの多段結合増幅回路については、次章以降で詳しく説明しますが、その前に抑えておいてほしい基本事項がいくつかあります。本章では、それらの基本事項を説明します。

8-1 デシベル

　大きな増幅度を扱う場合、数がいっぱい並んで見にくい場合があります。また、音声の増幅の場合、増幅度と耳で聞いたときの増幅具合とは感覚的に異なります（例えば、音声を1万倍増幅しても、実際にはそんなに増幅した音には聞こえません）。そこで、デシベル $[dB]$ という単位を増幅度の単位として導入します。本書では、混乱をさけるため、$[dB]$ で考えてもらいたいときは、**利得**という表現を使います。今まで通り［倍］で考えてもらいたいときは、これまで使ってきた**増幅度**という表現を使います。

　増幅度には、電圧増幅度（A_v）、電流増幅度（A_i）、電力増幅度（A_p）が定義されています。A_i は、出力電流/入力電流、A_p は、出力電力/入力電力とそれぞれ定義されています。利得はこれらの増幅度の Log をとるのですが、電圧・電流利得と電力利得では、Log にかける数値が異なり、式（8-1）～式（8-3）になります。

電圧利得： $G_v = 20 \times Log_{10} A_v$ 　　　　　　　　　　　（8-1）

電流利得： $G_i = 20 \times Log_{10} A_i$ 　　　　　　　　　　　（8-2）

電力利得： $G_p = \mathbf{10} \times Log_{10} A_p$ 　　　　　　　　　　　（8-3）

　このように Log をとることにより、例えば A_v が10000倍でも、G_v は80 $[dB]$ となり、桁数を増加しにくくできます。また、Log にすることで、多段結合の利得を計算するとき、各利得を足すことになります。例えば、3段の増幅回路があり、各増幅回路の増幅度がそれぞれ A_{v1}、A_{v2}、A_{v3} だった場合、3段の増幅回路全体の電圧利得は式（8-4）になり、各電圧利得の足し算で済みます。

$$G_{v\_Total} = 20 \times Log_{10}(A_{v1} \times A_{v2} \times A_{v3})$$
$$= 20 \times (Log_{10} A_{v1} + Log_{10} A_{v2} + Log_{10} A_{v3}) \quad (8-4)$$

[例題 8 − 1]

図 8 − 1 のような 2 段の電圧増幅回路がある。図中の v_{in}、v_1、v_{out} の値が、それぞれ 0.03 [mV]、0.3 [mV]、0.03 [V] であった。増幅回路 1 および 2 の電圧利得（G_{v1}、G_{v2}）と全体の電圧利得（総合電圧利得：G_{v_Total}）をそれぞれデシベル [dB] で答えなさい。

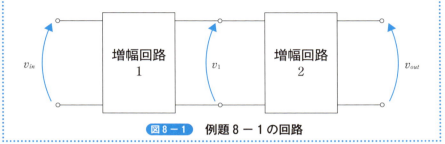

図 8 − 1　例題 8 − 1 の回路

[解答]

増幅回路 1 の電圧利得 G_{v1} を式（8 − 1）から求めると、式（8 − 5）になります。

$$G_{v1} = 20 \times Log_{10}\left(\frac{v_1}{v_{in}}\right) = 20 \times Log_{10}\left(\frac{0.3 \times 10^{-3}}{0.03 \times 10^{-3}}\right) = 20 \ [dB]$$

（8 − 5）

増幅回路 2 の電圧利得 G_{v2} を式（8 − 1）から求めると、式（8 − 6）になります。

$$G_{v2} = 20 \times Log_{10}\left(\frac{v_{out}}{v_1}\right) = 20 \times Log_{10}\left(\frac{0.03}{0.3 \times 10^{-3}}\right) = 40 \ [dB]$$

（8 − 6）

したがって、総合利得 G_{v_Total} は、$20 + 40 = 60$ [dB] になります。

答：$G_{v1} = 20$ [dB]、$G_{v2} = 40$ [dB]、$G_{v\_Total} = 60$ [dB]

8-2 インピーダンス整合

前章までは、電圧増幅回路の計算のみ行ってきましたが、10章、11章で電力増幅回路を説明します。電力増幅の場合、電力を効率よく伝えるために、**インピーダンス整合**（インピーダンスマッチングともいいます）を行います。このインピーダンス整合の条件を説明します。

インピーダンス整合とは、「スピーカーなどの負荷にかかる電力が最大になるように負荷を調整すること」です。この「負荷にかかる電力が最大」になる条件がありますので、説明します。

その条件を説明するために、図8-2（a）に示すトランジスタ増幅回路のモデル回路を考えます。図8-2（a）の出力側だけ考えた回路を図8-2（b）とします。なお、図中の電圧 E_0、V、および電流 I は実効値とします。

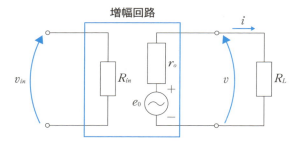

（a）増幅回路＋負荷

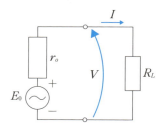

（b）出力側の回路（実効値表示）

図8-2 増幅回路におけるインピーダンス整合の説明図

負荷 R_L で消費する電力 P は、式（8-7）になります。

$$P = V \times I = I^2 R_L \tag{8-7}$$

また、電流 I は式（8-8）になります。

$$I = \frac{E_0}{r_0 + R_L} \quad (8-8)$$

式（8-7）に式（8-8）を代入すると、電力 P は式（8-9）になります。

$$P = \frac{R_L}{r_0^2 + 2r_0 R_L + R_L^2} \times E_0^2 = \frac{E_0^2}{\left(\sqrt{R_L} - \dfrac{r_0}{\sqrt{R_L}}\right)^2 + 4r_0} \quad (8-9)$$

式（8-9）の負荷 R_L が変数だとします。P が最大になるには、分母が最小になるよう R_L を調整する必要があります。分母が最小のときはカッコの中が 0 のときなので、**$R_L = r_0$** のときに分母が最小、つまり電力が最大になります。したがって、「負荷インピーダンスと出力インピーダンスが同じ」というのが整合条件です。ちなみに、式（8-9）をグラフで表すと図 8-3 になります。$R_L = r_0$ のときに、P が最大値 $E_0^2/4r_0$ になります。

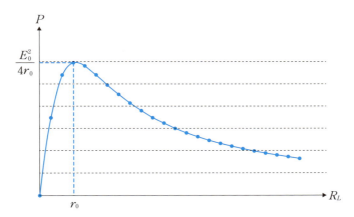

図 8-3 負荷 R_L と電力の関係

8-3 トランス

　負荷 R_L を変えてインピーダンス整合の条件を満たすようにすれば、負荷に最大の電力が伝わりますが、スピーカーなどの負荷はだいたい数 Ω と決まっていて、そう簡単に変えることができません。そこで、トランスを使用します。このトランスの巻き数を調整して、増幅回路の出力側から見た負荷（ここでは**見かけ上の負荷**ということにします）をインピーダンス整合の条件に合わせます。

　トランスの回路図記号を図 8 − 4（a）とします[※注]。通常、左側を 1 次側、右側を 2 次側と呼んでいます。1 次側と 2 次側の電圧（v_1 および v_2）と巻き数（n_1 および n_2）の関係は、式（8 − 10）で表せられます。

$$\frac{v_1}{v_2}=\frac{n_1}{n_2} \tag{8-10}$$

　図 8 − 4（b）の回路のように、図 8 − 2（b）の回路にトランスを挿入し、負荷がインピーダンス整合の条件を満たしているように見せかけます。この見かけ上の負荷を R'_L とします。電力 P を 1 次側の電圧 v_o と R'_L で表すと、式（8 − 11）になります。

$$P=\frac{v_o^2}{R'_L} \tag{8-11}$$

　また、式（8 − 11）と同じ電力を実際の負荷で消費される電力として求めると、式（8 − 12）になります。

$$P=\frac{v_o'^2}{R_L} \tag{8-12}$$

　式（8 − 10）の v_1 を v_o、v_2 を v'_o に変えて式（8 − 12）に代入すると、式（8 − 13）になります。

$$P=\frac{v_o'^2}{R_L}=\frac{v_o^2}{\left(\dfrac{n_1}{n_2}\right)^2 R_L} \tag{8-13}$$

　式（8 − 11）と式（8 − 13）を比べると、見かけ上の R'_L は式（8 − 14）になります。

$$R'_L=\left(\frac{n_1}{n_2}\right)^2 R_L \tag{8-14}$$

※注：JIS 記号とは異なる。

第8章 多段結合増幅回路における基本事項

この見かけ上の負荷 R'_L を出力インピーダンス r_o と同じ値にするために巻き数を調節すると、その巻き数の条件は式（8－15）になります。この式（8－15）が、トランスを使ったインピーダンス整合の条件です。

$$r_o = R'_L = \left(\frac{n_1}{n_2}\right)^2 R_L$$

$$\sqrt{r_o : R_L} = n_1 : n_2 \qquad (8-15)$$

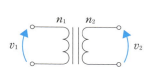

（a）トランス記号

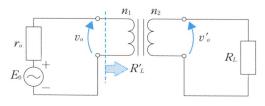

（b）インピーダンス整合の回路図

図8－4 トランスを用いたインピーダンス整合

[例題8－2]

1次側から増幅回路の出力を見たときに、インピーダンス（出力インピーダンス r_o）が100 [Ω]、2次側に接続されている負荷が4 [Ω] とする。トランスでインピーダンス整合をとったとき、$n_2 = 1$ に対する n_1 の巻数を答えなさい。また、インピーダンス整合時に、1次側の電圧 v_o が10 [V] のときの2次側の電圧 v'_o を求めなさい。

[解答]

式（8－15）のインピーダンス整合の条件を使って n_2 を求めると、式（8－16）になります。

$$n_1 : 1 = \sqrt{100 : 4} = 10 : 2 = 5 : 1 \qquad (8-16)$$

したがって、n_2 が1回巻くのに対して、n_1 が5回巻くとインピーダンス整合の条件を満たすことになります。このときに、式（8－10）より、1次側に10 [V] の電圧がかかれば、2次側には式（8－17）のように 2 [V] の電圧がかかります。

$$v'_o = \frac{n_2}{n_1} \times v_o = \frac{1}{5} \times 10 = 2\ [V] \qquad (8-17)$$

答：$n_1 = 5$、$v'_o = 2\ [V]$

8-4 トランスを使用するときの入出力インピーダンス

前節では、トランスでインピーダンス整合を行うことに、トランジスタ増幅回路の出力インピーダンスが必要であると説明しました。

2次側にトランジスタ増幅回路が接続される場合もあり、そのときは負荷R_Lの代わりに、トランジスタ増幅回路の入力インピーダンスR_{in}が負荷R_Lになります。つまり、トランス結合型増幅回路をモデル化した回路図は、図8-5 (a) のようになります。図8-5 (a) において、左の点線より左側を1つの塊とみて、図8-5 (b) のように信号源e_gと抵抗r_gとみなします。同様に、右の点線より右側も1つの塊とみて、負荷抵抗R_Lとみなします。

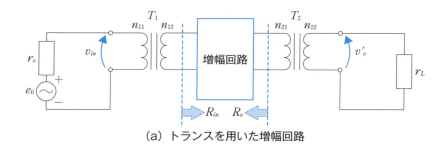

(a) トランスを用いた増幅回路

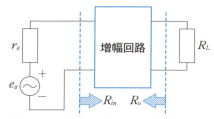

(b) T_1を電源＋抵抗、T_2を負荷とみなした図

図8-5　トランスを使った増幅回路の構成例

図8-5 (b) の回路において、増幅回路の中にトランジスタが1つ入っていると考えると図8-6 (a) になり、そのトランジスタをhパラメータ等価回路に置き換えると図8-6 (b) になります。この図8-6 (b) の回路におけるR_{in}（入力インピーダンス）とR_o（出力インピーダンス）を求めます。

第 8 章　多段結合増幅回路における基本事項

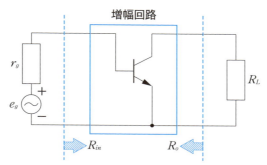

(a) 増幅回路をトランジスタにおきかえた図

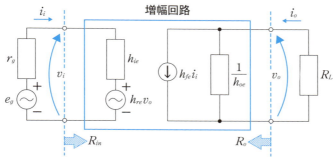

(b) トランジスタを h パラメータ等価回路におきかえた図

図 8 − 6　入出力インピーダンスを求めるための回路図

R_{in} を電流 i_i と電圧 v_i から求めますので、R_{in} の計算に必要な関係式を求めていきます。図 8 − 6 (b) において左側の回路に注目し、v_i を求めます。v_i は h_{ie} にかかる電圧と $h_{re}v_o$ の足し算ですので、式 (8 − 18) になります。

$$v_i = h_{ie} \times i_i + h_{re} \times v_o \qquad (8-18)$$

右側の回路に注目し、i_o と v_o を求めます。i_o は $1/h_{oe}$ の抵抗に流れる電流と電流源 $h_{fe}i_i$ の足し算ですので、式 (8 − 19) になり、v_o は負荷 R_L にかかる電圧となりますので、式 (8 − 20) になります。

$$i_o = h_{fe} \times i_i + h_{oe} \times v_o \qquad (8-19)$$
$$v_o = -R_L \times i_o \qquad (8-20)$$

式 (8 − 20) を式 (8 − 19) の v_o に代入すると、式 (8 − 21) になります。

$$i_o = h_{fe} \times i_i - h_{oe} \times R_L \times i_o \qquad (8-21)$$

式 (8 − 21) から i_o/i_i を求めると、式 (8 − 22) になります。この i_o/i_i は後で利用します。

8−4 トランスを使用するときの入出力インピーダンス

$$\frac{i_o}{i_i} = \frac{h_{fe}}{1 + h_{oe} \times R_L} \tag{8−22}$$

式（8−18）から式（8−22）までが、R_{in} を求めるのに必要な関係式です。R_{in} は v_i/i_i で表せられるので、式（8−18）v_i を i_i で割ると式（8−23）になります。

$$\frac{v_i}{i_i} = h_{ie} + h_{re} \times \frac{v_o}{i_i} \tag{8−23}$$

式（8−23）の v_o に式（8−20）を代入すると、式（8−24）になります。

$$\frac{v_i}{i_i} = h_{ie} - h_{re} \times R_L \times \frac{i_o}{i_i} \tag{8−24}$$

ここで、先ほど求めた式（8−22）の i_o/i_i を式（8−24）に代入すると、式（8−25）になり、この式が R_{in} の式になります。

$$R_{in} = \frac{v_i}{i_i} = h_{ie} - \frac{h_{re} \times h_{fe} \times R_L}{1 + h_{oe} \times R_L} \tag{8−25}$$

一方、出力インピーダンス R_o を求めるときは、入力信号源 e_g を短絡除去して考えます。この短絡除去は、重ね合わせの理に基づいて行われます。なお、増幅回路の中の電圧源、電流源ですが、これはあくまでも等価回路で表すとそうなるのであって、これらが電圧や電流を発生させたりしていないので、そのまま残しておきます。したがって、入力信号源 e_g を短絡除去した図8−7の回路を使って R_o を求めます。入力インピーダンスのところで求めた式（8−18）と式（8−19）は、この図8−7にも当てはまります。これらの式に追加して、v_i を r_g と i_i で表した式（8−26）も使います。

$$v_i = -r_g \times i_i \tag{8−26}$$

この式（8−26）を式（8−18）に代入すると、式（8−27）になります。

$$-r_g \times i_i = h_{ie} \times i_i + h_{re} \times v_o$$
$$(r_g + h_{ie}) \times i_i = -h_{re} \times v_o$$
$$i_i = -\frac{h_{re}}{r_g + h_{ie}} \times v_o \tag{8−27}$$

この式（8−27）を式（8−19）の i_i に代入すると、式（8−28）になります。

$$i_o = -\frac{h_{re} \times h_{fe}}{r_g + h_{ie}} \times v_o + h_{oe} \times v_o = \frac{-h_{re} \times h_{fe} + h_{oe}(r_g + h_{ie})}{r_g + h_{ie}} \times v_o \tag{8−28}$$

式（8−28）より $R_o = v_o/i_o$ は式（8−29）になります。

$$R_o = \frac{v_o}{i_o} = \frac{r_g + h_{ie}}{h_{oe}(r_g + h_{ie}) - h_{re} \times h_{fe}} = \frac{1}{h_{oe} - \dfrac{h_{re} \times h_{fe}}{r_g + h_{ie}}} \qquad (8-29)$$

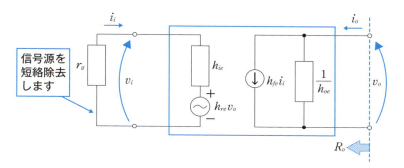

図 8－7 出力インピーダンスを求めるための回路

第9章
CR結合増幅回路

電圧増幅回路として、電流負帰還バイアス回路を学びました。この回路1つでは、大きい電圧増幅が得られない場合、それらを結合して大きな電圧増幅を行います。結合時にコンデンサで結合した回路のことをCR（またはRC）結合増幅回路といいます。本章では、CR結合増幅回路の構成とその解析方法を説明するとともに、周波数特性について説明します。

9-1 回路構成

図9-1に2段の CR 結合増幅回路の構成図を示します。今回、抵抗などの計算に用いる数値が多く出てくるので、これまで説明してきた R などの変数を用いた回路構成ではなく、実際の数値を用いて説明します。

この回路は電流負帰還バイアス回路を2つ接続した回路です。5 [μF] のコンデンサで、直流を通さなくすることにより、両トランジスタの動作点を別々に計算することができます。また、200 [μF] のコンデンサで、交流を通すことにより、両トランジスタをエミッタ接地回路にしています。この回路の解析方法も7章で説明した4つの手順に従って解析します。

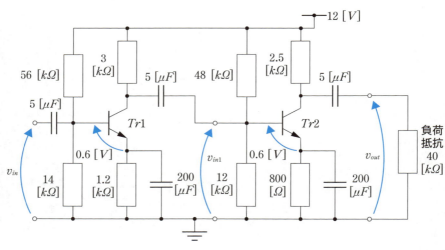

図9-1 2段 CR 結合増幅回路

9-2 直流解析（動作点計算）

　両トランジスタの動作点を求めて、その動作点の h パラメータの値を決めます。トランジスタ $Tr1$ の直流のみ考えた回路を図 9 − 2（a）に示します。この回路のコレクタ電流 I_{C1} を求めます。電流負帰還バイアス回路の I_{C1} は 7 章の式（7 − 38）^{※注}から求められ、(9 − 1) 式になります。

$$I_{C1} = \frac{\left(\frac{14 \times 10^3}{(56+14) \times 10^3} \times 12 - 0.6\right)}{1.2 \times 10^3} = 1.5 \ [mA] \qquad (9-1)$$

この I_{C1} から V_{CE1} を求めると、式（9 − 2）になります。

$$V_{CE1} = 12 - (3 + 1.2) \times 10^3 \times 1.5 \times 10^{-3} = 5.7 \ [V] \qquad (9-2)$$

　同じように、トランジスタ $Tr2$ の直流のみ考えた回路を図 9 − 2（b）に示します。この回路のコレクタ電流 I_{C2} を求めると、式（9 − 3）になります。

$$I_{C2} = \frac{\left(\frac{12 \times 10^3}{(48+12) \times 10^3} \times 12 - 0.6\right)}{800} = 2.25 \ [mA] \qquad (9-3)$$

この I_{C2} から V_{CE2} を求めると、式（9 − 4）になります。

$$V_{CE2} = 12 - (2.5 + 0.8) \times 10^3 \times 2.25 \times 10^{-3} = 4.575 \ [V] \qquad (9-4)$$

　$Tr1$ と $Tr2$ の動作点と動作点付近の h パラメータは、各トランジスタの仕様書から以下のように求まったとします。

　　$Tr1$：動作点 = (5.7 [V]、1.5 [mA])、h_{fe} = 140、h_{ie} = 3 [kΩ]
　　$Tr2$：動作点 = (4.575 [V]、2.25 [mA])、h_{fe} = 160、h_{ie} = 4 [kΩ]

※注：7 章の 7 − 4 節を参照。

9-2 直流解析（動作点計算）

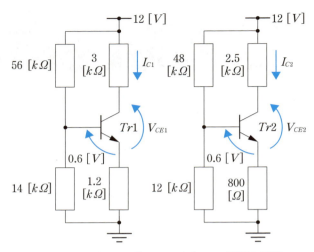

（a）$Tr1$ 周辺の回路　　（b）$Tr2$ 周辺の回路

図9-2　各トランジスタの直流のみ考えた回路

[例題9－1]

図9－3の2段 CR 結合回路の動作点を求めなさい。なお、V_{BE} を $0.6\,[V]$ とし、直流のみ考慮した回路にするときに、コンデンサを開放除去して考えなさい。

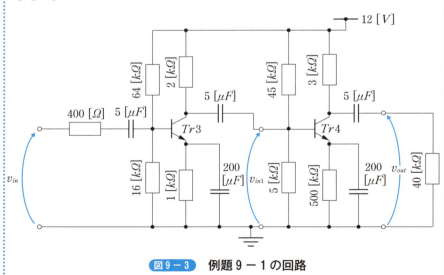

図9-3　例題9－1の回路

[解答]

図9−3と図9−1との異なる箇所は、入力に直列に400 [Ω] の抵抗を接続した箇所と抵抗の値です。動作点を求めるために、コンデンサを開放除去するので、400 [Ω] の抵抗は、直流のみ考えた場合では関係なくなります。したがって、トランジスタ $Tr3$ の直流のみ考えた回路は図9−4（a）になります。コレクタ電流は、式（9−5）になります。

$$I_{C3} = \frac{\left(\frac{16 \times 10^3}{(64+16) \times 10^3} \times 12 - 0.6\right)}{1 \times 10^3} = 1.8 \, [mA] \quad (9-5)$$

この I_{C3} から V_{CE3} を求めると、式（9−6）になります。

$$V_{CE3} = 12 - (2+1) \times 10^3 \times 1.8 \times 10^{-3} = 6.6 \, [V] \quad (9-6)$$

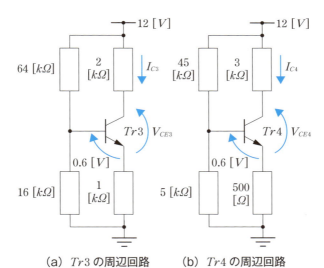

(a) $Tr3$ の周辺回路　　(b) $Tr4$ の周辺回路

図9−4 各トランジスタの直流のみ考慮した回路

トランジスタ $Tr4$ の直流のみ考えた回路を図9−4（b）に示します。この回路のコレクタ電流 I_{C4} を求めると、式（9−7）になります。

$$I_{C4} = \frac{\left(\frac{5 \times 10^3}{(45+5) \times 10^3} \times 12 - 0.6\right)}{500} = 1.2 \, [mA] \quad (9-7)$$

この I_{C4} から V_{CE4} を求めると、式（9−8）になります。

$$V_{CE4} = 12 - (3+0.5) \times 10^3 \times 1.2 \times 10^{-3} = 7.8 \, [V] \quad (9-8)$$

● 9−2　直流解析（動作点計算）

答：$Tr3$の動作点 $= (6.6\,[V]、1.8\,[mA])$、$Tr4$の動作点 $= (7.8\,[V]、1.2\,[mA])$

9-3 CR結合増幅回路の交流のみ考えた回路

　図9－1の回路の交流のみ考えた回路を図9－5に示します。交流のみ考えた場合、直流電圧源を短絡除去します。コンデンサも交流を通しやすいので、短絡除去します。ここで注意することは、1.2 [$k\Omega$]と800 [Ω]の抵抗が省略できることです。なぜなら、並列に接続されているコンデンサに交流の電流のほとんどが流れるので、それらの抵抗があってもなくてもほとんどかわらないからです。

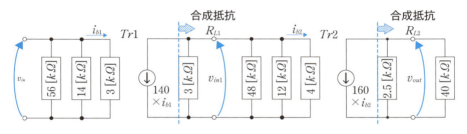

図9－5　*CR*結合回路を交流のみ考えた回路※注

　図9－5の回路は、一見、複雑そうな回路ですが、並列に接続している抵抗を合成抵抗に変えれば、比較的簡単な回路になります。ここでは、その合成抵抗値を求めておきます。まず、3 [$k\Omega$]、48 [$k\Omega$]、12 [$k\Omega$]、4 [$k\Omega$]の並列接続の合成抵抗値R_{L1}を式（9－9）より求めます。

$$R_{L1} = \left(\frac{1}{3 \times 10^3} + \frac{1}{48 \times 10^3} + \frac{1}{12 \times 10^3} + \frac{1}{4 \times 10^3} \right)^{-1} \fallingdotseq 1.45\ [k\Omega]$$

（9－9）

　また、2.5 [$k\Omega$]と40 [$k\Omega$]の並列接続の合成抵抗R_{L2}を式（9－10）より求めます。

$$R_{L2} = \left(\frac{1}{2.5 \times 10^3} + \frac{1}{40 \times 10^3} \right)^{-1} \fallingdotseq 2.35\ [k\Omega]$$

（9－10）

　図9－5の回路の抵抗を合成抵抗に置き換えて電圧利得を計算します。各トランジスタの電圧利得を計算し、それらの電圧利得を足し合わせて、図9－5の総合利得を求めます。

※注：紙面の都合上、抵抗値を抵抗の記号の中に入れている。

9-3 CR結合増幅回路の交流のみ考えた回路

入力に近い増幅回路から順に1段目、2段目…、といいますので、$Tr1$を1段目の増幅回路として、電圧増幅度$|v_{in1}/v_{in}|$から電圧利得を求めます。図9-5の回路の$Tr1$の周辺回路において、並列抵抗部分を合成抵抗R_{L1}で置き換えた回路を図9-6に示します。

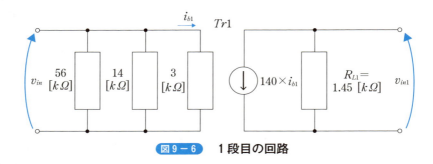

図9-6 1段目の回路

以前と同様に、1段目の入力電圧v_{in}と出力電圧v_{in1}をi_{b1}で表し、電圧増幅度の計算でi_{b1}を消します。v_{in}をi_{b1}で表すと式(9-11)になります。ここでは、56[$k\Omega$]と14[$k\Omega$]の抵抗は関係ありません。

$$v_{in} = 3 \times 10^3 \times i_{b1} \tag{9-11}$$

v_{in1}は、1.45[$k\Omega$]の抵抗に$140 \times i_{b1}$の電流が流れているので、式(9-12)になります。

$$v_{in1} = -1.45 \times 10^3 \times 140 \times i_{b1} \tag{9-12}$$

したがって、1段目の電圧増幅度$|v_{in1}/v_{in}|$は、式(9-13)になります。

$$|v_{in1}/v_{in}| = \left| \frac{-1.45 \times 10^3 \times 140 \times i_{b1}}{3 \times 10^3 \times i_{b1}} \right| \fallingdotseq 67.7 \tag{9-13}$$

1段目の電圧利得G_1は、式(9-14)になります。

$$G_1 = 20 \times log_{10} 67.7 \fallingdotseq 36.6 \ [dB] \tag{9-14}$$

第9章 CR結合増幅回路

[例題9－2]

図9－3の回路において、1段目の交流のみ考えた等価回路が図9－7になった。1段目の電圧増幅度 $|v_{in1}/v_{in}|$ を求めなさい。なお、$Tr3$ の h_{fe} と h_{ie} はそれぞれ $h_{fe}=150$、$h_{ie}=5\,[k\Omega]$ とする。

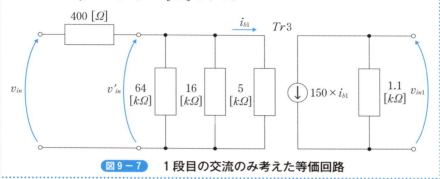

図9－7　1段目の交流のみ考えた等価回路

[解答]

$|v_{in1}/v_{in}|$ を式（9－15）より求めます。

$$|v_{in1}/v_{in}|=|(v_{in1}/v'_{in})\times(v'_{in}/v_{in})|=|v_{in1}/v'_{in}|\times|v'_{in}/v_{in}| \quad (9-15)$$

v'_{in} と v_{in1} での電圧増幅度 $|v_{in1}/v'_{in}|$ は、式（9－13）より式（9－16）になります。

$$|v_{in1}/v'_{in}|=\left|\frac{-1.1\times 10^3\times 150\times i_{b1}}{5\times 10^3\times i_{b1}}\right|=33 \quad (9-16)$$

$|v'_{in}/v_{in}|$ は64 $[k\Omega]$、16 $[k\Omega]$、および5 $[k\Omega]$ の合成抵抗を3.6 $[k\Omega]$ として、分圧の法則より式（9－17）になります。

$$|v'_{in}/v_{in}|=\left|\frac{3.6\times 10^3}{(3.6+0.4)\times 10^3}\right|=0.9 \quad (9-17)$$

したがって、$|v_{in1}/v_{in}|$ は式（9－18）になります．

$$|v_{in1}/v_{in}|=|v_{in1}/v'_{in}|\times|v'_{in}/v_{in}|=33\times 0.9=29.7 \quad (9-18)$$

答：$|v_{in1}/v_{in}|=29.7$

2段目の電圧増幅度 $|v_{out}/v_{in1}|$ から電圧利得を求めます。図9－5の回路の $Tr2$ の周辺回路において、並列抵抗部分を合成抵抗 R_{L2} で置き換えた回路を図9－8に示します。

9-3 CR結合増幅回路の交流のみ考えた回路

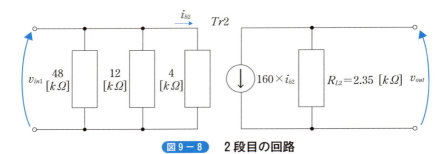

図9-8　2段目の回路

v_{in1}をi_{b2}で表すと、式（9-19）になります。

$$v_{in1} = 4 \times 10^3 \times i_{b2} \tag{9-19}$$

v_{out}は、2.35 [kΩ] の抵抗に$160 \times i_{b2}$の電流が流れているので、式（9-20）になります。

$$v_{out} = -2.35 \times 10^3 \times 160 \times i_{b2} \tag{9-20}$$

したがって、2段目の電圧増幅度$|v_{out}/v_{in1}|$は、式（9-21）になります。

$$|v_{out}/v_{in1}| = \left| \frac{-2.35 \times 10^3 \times 160 \times i_{b2}}{4 \times 10^3 \times i_{b1}} \right| = 94 \tag{9-21}$$

2段目の電圧利得G_2は、式（9-22）になります。

$$G_2 = 20 \times log_{10} 94 ≒ 39.5 \ [dB] \tag{9-22}$$

> [例題9-3]
> 図9-3の2段目の回路を交流のみ考えたときの等価回路に変換し、2段目の電圧増幅度$|v_{out}/v_{in1}|$を求めなさい。なお、$Tr4$のh_{fe}とh_{ie}はそれぞれ$h_{fe}=150$、$h_{ie}=6 \ [kΩ]$とする。

[解答]

3 [kΩ] と40 [kΩ] の合成抵抗を2.8 [kΩ] とすると、図9-3の2段目の回路を交流のみ考えたときの等価回路に変換すると図9-9になります。

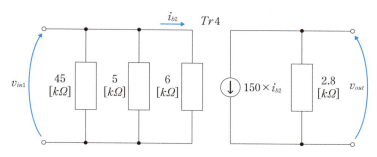

図9-9 2段目の交流のみ考えたときの等価回路

2段目の電圧増幅度 $|v_{out}/v_{in1}|$ は式(9-23)になります。

$$|v_{out}/v_{in1}| = \left| \frac{-2.8 \times 10^3 \times 150 \times i_{b2}}{6 \times 10^3 \times i_{b2}} \right| = 70 \qquad (9-23)$$

答:$|v_{out}/v_{in1}| = 70$

9-4 総合利得と周波数特性

1段目の電圧利得と2段目の電圧利得を足し合わせると、2段のCR結合増幅回路の総合利得（全体的な電圧利得）G は、式（9-24）となります。

$$G = 36.6 + 39.5 = 76.1 \, [dB] \quad (9-24)$$

この総合利得は、あくまでも小信号等価回路で近似できる周波数領域での利得になります。周波数領域的には、数十 Hz から数百 kHz 程度の領域になります。この周波数領域より小さかったり大きかったりすると、小信号等価回路ではなく別の等価回路での計算となります。計算過程は省略しますが、図9-10のように利得が低下していきます。今回計算した利得より 3 [dB] 下がったときの周波数を、それぞれ低域遮断周波数（f_L）および高域遮断周波数（f_H）といいます。f_L から f_H までの周波数帯域を帯域幅といいます。

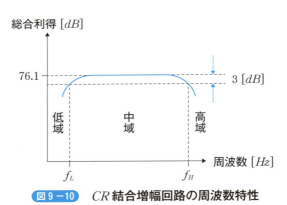

図9-10 CR結合増幅回路の周波数特性

[例題9-4]

図9-3の回路の1段目と2段目の電圧利得をそれぞれ求め、2段CR結合増幅回路の総合利得を求めなさい。

[解答]

1段目と2段目の電圧利得は、それぞれ式（9-25）と式（9-26）になります。

$$G_1 = 20 \times \log_{10} 29.7 \fallingdotseq 29.5 \, [dB] \quad (9-25)$$

$$G_2 = 20 \times \log_{10} 70 \fallingdotseq 36.9 \, [dB] \quad (9-26)$$

したがって、総合利得は29.5＋36.9＝66.4 $[dB]$ になります。

答：1段目の電圧利得＝29.5 $[dB]$、 2段目の電圧利得＝36.9 $[dB]$、
総合利得＝66.4 $[dB]$

9-5 CR結合増幅回路を回路ブロックの塊で考えた解析

　図9-5の回路は、多少複雑な回路ですので、図9-11のように3つの**回路ブロックの塊**から構成される回路として考え、総合利得を求める方法もあります。図9-11のように回路ブロック3つ程度なら、回路ブロックに分けないで解析できますが、これ以上多くなる場合は、これから説明する解析法を使用したほうがよいです。

　図9-5の増幅回路を回路ブロックに分け、別々に解析するためには、図9-5の回路を図5-13[※注]の回路ブロックに置き換えます。入力側には入力抵抗を、出力側には出力電圧＋出力抵抗を接続します。回路ブロック1および2の入力抵抗 R_{in1}、R_{in2}、出力抵抗 R_{out1}、R_{out2}、電圧増幅度 A_1、A_2 を求めます。なお、R_{in1} は増幅度計算に関係ないのですが、求めておきます。

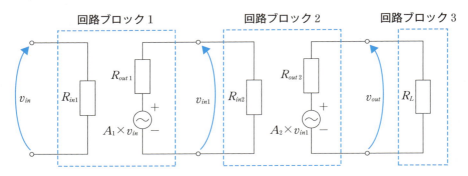

図9-11　CR結合増幅回路の回路ブロック化

　回路ブロック1のもともとの回路は図9-12（a）ですので（交流のみ考えています）、図9-12（a）から図9-12（b）の R_{in1} を求めます。v_{in_b1} 側には、56 [$k\Omega$]、14 [$k\Omega$]、3 [$k\Omega$] の抵抗が並列に接続されているので、これらの抵抗の合成抵抗が R_{in1} になり、式（9-27）になります。

$$R_{in1} = \left(\frac{1}{56 \times 10^3} + \frac{1}{14 \times 10^3} + \frac{1}{3 \times 10^3} \right)^{-1} \fallingdotseq 2.37 \, [k\Omega] \qquad (9-27)$$

　図9-12（a）の v_{out_b1} 側には3 [$k\Omega$] の抵抗が電流源と並列に接続されている

※注：5章の5-4節を参照。

ので、電流源→電圧源の等価変換で R_{out1} が $3\,[k\Omega]$ になります。

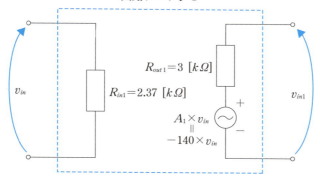

(a) 内部回路

(b) 内部回路のモデル化

図9－12 回路ブロック1の増幅回路のモデル

また、電流源→電圧源変換により、図9－12(a) の v_{out_b1} の電圧が図9－12(b) の $A_1 \times v_{in}$ の電圧になりますので、式（9－28）になります。

$$v_{out\_b1} = A_1 \times v_{in} = -3 \times 10^3 \times 140 \times i_{b1} \tag{9-28}$$

A_1 を求めるために、図9－12(a) の v_{in_b1} を i_{b1} で表すと、式（9－11）と同じ形になり、式（9－29）で表せます。

$$v_{in\_b1} = v_{in} = 3 \times 10^3 \times i_{b1} \tag{9-29}$$

ここで、図9－12(a) の v_{in_b1} と図9－12(b) の v_{in} が同じですので、式（9－28）と式（9－29）から A_1 が式（9－30）から求められます。

9-5 CR結合増幅回路を回路ブロックの塊で考えた解析

$$A_1 = -\frac{3 \times 10^3 \times 140 \times i_{b1}}{v_{in}} = -\frac{3 \times 10^3 \times 140 \times i_{b1}}{3 \times 10^3 \times i_{b1}} = -140 \quad (9-30)$$

したがって、回路ブロック1は図9-12(b)になります。

回路ブロック2の抵抗値および増幅度を求めます。回路ブロック2のもともとの回路は図9-13(a)です。

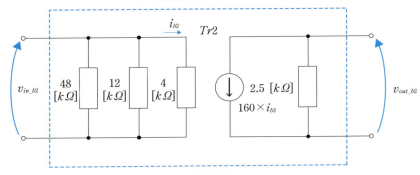

(a) 内部回路

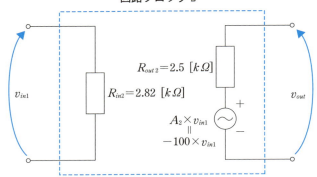

(b) 内部回路のモデル化

図9-13 回路ブロック2の増幅回路のモデル

図9-13(a)から図9-13(b)のR_{in2}を求めます。v_{in_b2}側には、48 $[k\Omega]$、12 $[k\Omega]$、4 $[k\Omega]$ の抵抗が並列に接続されているので、これらの抵抗の合成抵抗がR_{in2}になり、式(9-31)で表せます。

第9章　CR結合増幅回路

$$R_{in2} = \left(\frac{1}{48 \times 10^3} + \frac{1}{12 \times 10^3} + \frac{1}{4 \times 10^3} \right)^{-1} \fallingdotseq 2.82 \, [k\Omega] \quad (9-31)$$

また、図9－13（a）の v_{out_b2} 側には2.5 [$k\Omega$] の抵抗が電流源と並列に接続されているので、電流源→電圧源の等価変換で R_{out2} が2.5 [$k\Omega$] になります。図9－13（a）の v_{out_b2} の電圧が図9－13（b）の $A_2 \times v_{in1}$ になりますので、式（9－32）が $A_2 \times v_{in1}$ になります。

$$v_{out\_b2} = A_2 \times v_{in1} = -2.5 \times 10^3 \times 160 \times i_{b2} \quad (9-32)$$

A_2 を求めるために、図9－13（a）の v_{in_b2} を i_{b2} で表すと、式（9－33）で表せます。

$$v_{in\_b2} = v_{in1} = 4 \times 10^3 \times i_{b1} \quad (9-33)$$

図9－13（a）の v_{in_b2} と図9－13（b）の v_{in1} が同じですので、式（9－32）と式（9－33）から A_2 が求められ、式（9－34）になります。

$$A_2 = -\frac{2.5 \times 10^3 \times 160 \times i_{b2}}{v_{in1}} = -\frac{2.5 \times 10^3 \times 160 \times i_{b1}}{4 \times 10^3 \times i_{b1}} = -100 \quad (9-34)$$

したがって、回路ブロック2は図9－13（b）になります。

回路ブロック3の R_L には、40 [$k\Omega$] がそのままはいりますので、図9－11の回路ブロックに、計算などで求めた値を入れると図9－14になります。

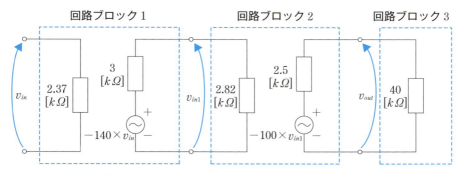

図9－14　CR 結合増幅回路を回路ブロック化した際の実際の値

図9－14から v_{in1} を v_{in} で表すと、式（9－35）になります。ここでは、回路ブロック1の出力側の回路と回路ブロック2の入力側の回路での分圧則で求められます。

$$v_{in1} = -\frac{2.82 \times 10^3}{(3+2.82) \times 10^3} \times 140 \times v_{in} \fallingdotseq -67.8 \times v_{in} \quad (9-35)$$

9-5 CR結合増幅回路を回路ブロックの塊で考えた解析

　式（9−35）からわかることは、回路ブロック1から $-140\times v_{in}$ で出力された電圧が、入力抵抗により $-67.8\times v_{in}$ になってしまうことです。また、式（9−35）から電圧増幅度 $|v_{in1}/v_{in}|$ は、67.8になります。この値は前節で計算した値より、0.1多い値になっていますが、これは計算時の四捨五入の関係で異なってしまいます。計算がぴったり割り切れた場合、この数値は一致します。

　この電圧増幅度から1段目の電圧利得 G_1 を求めると、式（9−36）になります。

$$G_1 = 20\times log_{10} 67.8 \fallingdotseq 36.6\ [dB] \qquad (9-36)$$

　また、図9−14から v_{out} を v_{in1} で表すと式（9−37）になります。ここでは、回路ブロック2の出力側の回路と回路ブロック3の回路での分圧の法則で求められます。

$$v_{out} = -\frac{40\times 10^3}{(2.5+40)\times 10^3}\times 100\times v_{in1} \fallingdotseq -94.1\times v_{in1} \qquad (9-37)$$

　式（9−37）からわかることは、回路ブロック2から $-100\times v_{in1}$ で出力された電圧が、負荷抵抗により、$-94.1\times v_{in1}$ になってしまうことです。また、式（9−37）から電圧増幅度 $|v_{in1}/v_{in}|$ は、94.1になります。

　この増幅度から1段目の電圧利得 G_2 を求めると、式（9−38）になります。

$$G_2 = 20\times log_{10} 94.1 \fallingdotseq 39.5\ [dB] \qquad (9-38)$$

　式（9−36）と式（9−38）から総合利得を求めると、76.1 $[dB]$ となります。これは9−4節の値と一致します。

第10章
トランス結合型増幅回路

　　CR結合増幅回路では、電圧増幅のみを考えています。これを電力増幅で使うとなると、インピーダンス整合を行っていないので、出力インピーダンスと負荷の関係によっては損出が大きくなります。そこで、CR結合増幅回路のコレクタの抵抗の代わりにトランスを挿入して、抵抗による損出をなくすと同時に、インピーダンス整合を行い電力効率よく伝えるのが、トランス結合型増幅回路です。本章では、トランス結合型増幅回路におけるインピーダンス整合の話を中心に説明します。

10−1　トランスを用いた大振幅増幅

　電圧増幅回路では、hパラメータ等価回路を使って解析しました。hパラメータ等価回路は電圧が微小変化したときに成り立つのですが、電力増幅回路のときは成り立ちません。なぜなら、電圧・電流の値が大きく変化するからです。電力増幅回路の場合、電圧・電流を最大限変化させることにより、電力を大きく増幅させます。このことを大振幅増幅と呼んでいます。大振幅増幅の方法にはA級、B級プッシュプルなどいろいろな方法があります。これらの方法については次章で説明します。本章では、A級の大振幅増幅について、その解析方法を説明します。なお、トランスを用いて微小電圧の増幅ということもできます。そのときはhパラメータ等価回路を用います。

　A級の大振幅増幅の回路を図10−1（a）に示します。この回路を次に示す3つの手順で解析します。

① 直流のみ考えた回路に変換して、動作点を求めます。
② 交流のみ考えた回路に変換して、電圧・電流の振幅がともに最大になる負荷線の傾きを求め、その傾きからトランスの見かけ上のインピーダンスを求めます。
③ トランスの見かけ上のインピーダンスと負荷との間で整合条件を求め、巻数比を求めます。

　電圧増幅度の計算と同様に直流のみを考えて、動作点を求めます。図10−1（a）の回路で直流と交流で特性が変わるのがコンデンサとトランスです。コンデンサは直流を通さないので、電圧増幅回路のときと同様に開放除去します。トランスは直流をほぼ抵抗なく通すので、短絡除去します。これはトランスの構造を考えてみればわかります。トランスは、鉄芯の周りに銅線を巻いているだけなので、電流が変化しない直流の場合は素子と素子を結ぶ配線にすぎません。したがって、トランスを取り除いて、それにつながっている素子同士をつなぎます。そうしてできた回路が図10−1（b）です。

第10章 トランス結合型 増幅回路

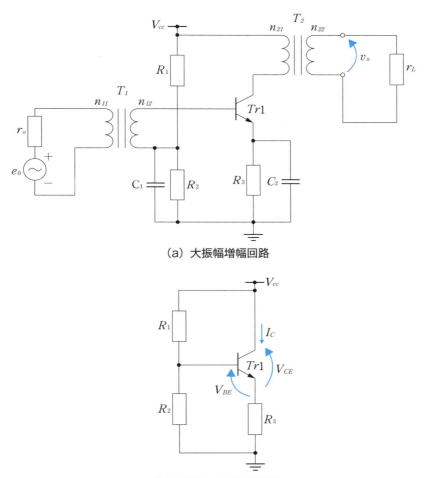

(a) 大振幅増幅回路

(b) 直流のみ考えた回路

図10-1 トランスを用いた増幅回路

図10-1 (b) の回路は、電流負帰還バイアス回路でコレクタに接続された抵抗がない回路になります。この回路のコレクタ電流 I_C も電流負帰還バイアス回路で求めた I_C の式※注を使って求まり、式（10-1）になります。

※注：7章の式（7-38）を参照。

10-1 トランスを用いた大振幅増幅

$$I_C = \frac{\left(\frac{R_2}{R_1+R_2} \times V_{CC} - V_{BE}\right)}{R_3} \qquad (10-1)$$

ここで近似を使い、R_3に流れる電流はコレクタ電流I_Cと同じ値として考えると、コレクタ－エミッタ電圧V_{CE}は式（10-2）になります。

$$V_{CE} = V_{CC} - R_3 \times I_C \qquad (10-2)$$

これらの式で求まった値をそれぞれI'_C、V'_{CE}とします。したがって、動作点は、(V'_{CE}, I'_C)となります。

交流のみ考えた回路に変換して、電圧・電流の振幅がともに最大になる負荷線の傾きを求め、その傾きからトランスの見かけ上のインピーダンスを求めます。

図10-1（a）の回路を交流のみ考えます。当然、コンデンサとトランスの扱いが、直流のときと異なります。直流電圧源は、短絡除去して考えます。その場合、図10-2（a）のように、C_1、R_1、およびR_2は並列接続になります。コンデンサは低インピーダンスになると考え、短絡除去すると、R_1、R_2には電流が流れなくなるので、これも除去できます。また、C_3とR_3も並列接続なので、C_3を短絡除去し、その結果R_3も除去できます。トランスの場合は、1次側と2次側では対応が異なります。トランスT_2の1次側は、トランジスタから出力される電圧を受ける側なので、トランジスタから見たら抵抗 R_L に見えます。トランスT_1の2次側は1次側の電圧を変圧して2次側に出力し、それをトランジスタで入力電圧v_{in}として受け取るので、トランジスタから見たら電圧源 v_{in} として見えます。したがって、図10-1（a）の回路を交流のみ考えると、図10-2（b）になります。

図10-2（b）の回路は、4章のトランジスタの基本的な増幅回路と同じになります。なお、4章の回路では、ベース端子に抵抗がついていますが、図10-2（b）では、対応する抵抗はトランジスタのベース－エミッタ間に内包していると考えます。したがって、ここでは、4章で使用した図4-8の特性グラフで一番大きく増幅できる負荷線を考えます。結論からいいますと、電圧・電流をほとんど歪みなく一番大きく振幅させることができる負荷線は、図10-3（a）のように、$(0, 2 \times I'_C)$と$(2 \times V'_{CE}, 0)$を通る直線になります。コレクタ電流の下の波の最大値はI'_Cになります。したがって、上の波の振幅の最大値もI'_Cなり、合計で$2 \times I'_C$となります。このコレクタ電流に対応するベース電流が入力されたときに、最大出力が得られる負荷線が、$(0, 2 \times I'_C)$と$(2 \times V'_{CE}, 0)$を通る直線になります。なお、$v_{out}(=v_{ce})$が$0[V]$付近は少し歪んでしまいますので、実際には、v_{ce}の波形の最小値が$0[V]$にならないよう、v_{ce}の波形の最小値を数百$[mV]$にします。そうすることによりひずみはなくなり、増幅波形が得られま

第10章 トランス結合型 増幅回路

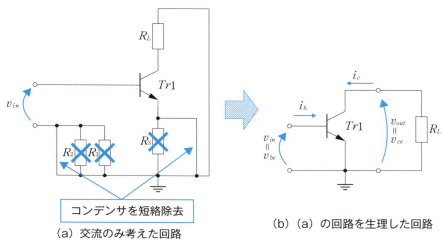

（a）交流のみ考えた回路　　（b）(a)の回路を生理した回路

図10−2　交流のみ考慮した回路

す。しかし、ここでは説明を簡単にするため、多少の歪みは無視して、v_{ce}の波形の最小値が$0\,[V]$として考えます。

　なぜ、負荷線が図10−3（a）の直線になるか説明します。図10−3（b）のように動作点を中心に傾きを急にした場合、出力電圧に対応するv_{ce}の振幅が小さくなってしまいます。逆に、図10−3（c）のように傾きをなだらかにした場合、V'_{CE}より上の部分の振幅は図10−3（a）より大きくなりますが、下の部分は途中で切れてしまい、波形が歪んでしまいます。したがって、図10−3（a）の負荷線がほとんど歪みなく電流・電圧ともに最大振幅波形になります。

● 10-1 トランスを用いた大振幅増幅

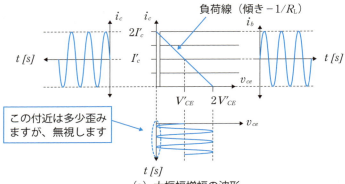

(a) 大振幅増幅の波形

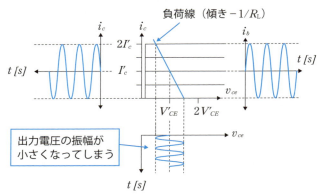

(b) 負荷線の傾きが急なときの波形

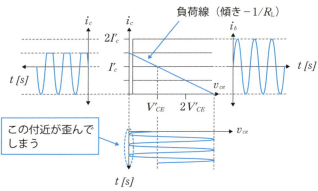

(c) 負荷の線の傾きがなだらかなときの波形

図10-3 負荷線の傾きによる出力電圧（$v_{out}=v_{ce}$）の違い

図10-3（a）の負荷線の傾きは、4章で説明したとおり $-1/R_L$ です。負荷線は、$(0, 2 \times I'_C)$ と $(2 \times V'_{CE}, 0)$ を通る直線なので、これらのことからトランスの見かけ上のインピーダンス R_L を求めると式（10-3）になります。

$$-\frac{1}{R_L} = \frac{0 - 2 \times I'_C}{2 \times V'_{CE} - 0} = -\frac{I'_C}{V'_{CE}}$$

$$R_L = \frac{V'_{CE}}{I'_C} \qquad (10-3)$$

この R_L に対して、図10-1（a）の T_2 のトランスの整合条件から巻数比を求めると、式（10-4）になります。

$$n_{21} : n_{22} = \sqrt{R_L : r_L} \qquad (10-4)$$

トランス T_1 の巻き数もグラフと整合条件で求めます。トランジスタの $v_{be} - i_b$ 特性からベースエミッタ間のインピーダンスを求めます。それが、入力インピーダンス R_{in} になります。図10-4が $v_{be} - i_b$ 特性で、コレクタ電流の最大振幅が得られるベース電流波形では、ベース電流値が 0 から i'_b の間で振幅します。また、ベース電流値を 0 から i'_b の間で振幅させるには、v_{be} を v'_{be1} から v'_{be2} の間で振幅させます。この間の $v_{be} - i_b$ 特性を直線近似します。オームの法則（$v_{be} = R_{in} \times i_b$）と $v_{be} - i_b$ 特性（$i_b = a \times v_{be}$）から、R_{in} と直線の傾き a には式（10-5）の関係があります。

$$a = \frac{1}{R_{in}} \qquad (10-5)$$

図10-4の直線の傾き a は、式（10-6）で表せられます。

$$a = \frac{i'_b - 0}{v'_{be2} - v'_{be1}} \qquad (10-6)$$

よって、R_{in} は式（10-7）で表せられます。

$$R_{in} = \frac{v'_{be2} - v'_{be1}}{i'_b - 0} \qquad (10-7)$$

整合条件より、T_1 の巻き数比は式（10-8）になります。

$$n_{11} : n_{12} = \sqrt{r_0 : \frac{v'_{be2} - v'_{be1}}{i'_b}} \qquad (10-8)$$

10−1 トランスを用いた大振幅増幅

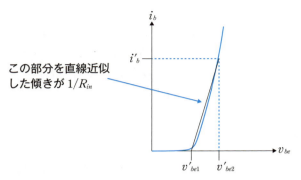

この部分を直線近似した傾きが $1/R_{in}$

図10−4　$V_{be}-I_b$ 特性と R_{in} の関係

第10章 トランス結合型 増幅回路

[例題10－1]

図10－5（a）の回路の動作点と、T_2における大振幅増幅での巻き数比を求めなさい。なお、トランスは整合されおり、動作点を求める際のV_{BE}を0.8 [V] とする。

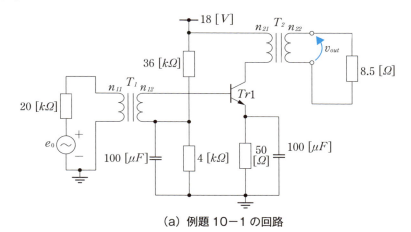

(a) 例題10－1の回路

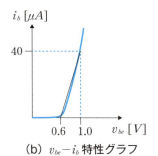

(b) v_{be}－i_b特性グラフ

図10－5　例題10－1および例題10－2の回路および特性グラフ

[解答]

図10－5（a）の回路を直流のみ考慮した回路に直すと図10－6になります。この回路でのI_Cは式（10－9）になります。

$$I_C = \frac{\left(\frac{4\times 10^3}{(36+4)\times 10^3}\times 18 - 0.8\right)}{50} = 20\,[mA] \quad (10-9)$$

また、V_{CE}と50[Ω]にかかる電圧を足すと18 [V] になりますので、V_{CE}は式（10－10）になります。

10-1 トランスを用いた大振幅増幅

$$V_{CE} = V_{CC} - R_3 \times I_C = 18 - 50 \times 20 \times 10^{-3} = 17\ [V] \quad (10-10)$$

したがって、動作点は $(17\ [V], 20\ [mA])$ となります。

出力電圧・電流の波形を最大にする負荷線は、$(0\ [V], 40\ [mA])$ と $(34\ [V], 0\ [A])$ を通る直線になります。この負荷線からトランス T_2 の見かけ上のインピーダンス R_L を式（10-3）から求めると式（10-11）になります。

$$R_L = \frac{V'_{CE}}{I'_C} = \frac{17}{20 \times 10^{-3}} = 850\ [\Omega] \quad (10-11)$$

整合条件より T_2 の巻き数比は式（10-12）になります。

$$n_{21} : n_{22} = \sqrt{850 : 8.5} = \sqrt{100 : 1} = 10 : 1 \quad (10-12)$$

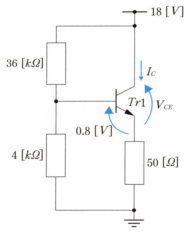

図10-6 図10-5の直流のみ考慮した回路

答：動作点 $(17\ [V], 20\ [mA])$、巻き数比 $n_{21} : n_{22} = 10 : 1$

[例題10-2]

図10-5（a）の回路において、T_1 における大振幅増幅での巻き数比を求めなさい。$v_{be} - i_b$ 特性を図10-5（b）とし、v_{be} は $0.6\ [V] \sim 1.0\ [V]$、i_b は $0\ [A] \sim 40\ [\mu A]$ で振幅している。

[解答]

図10-5（b）の近似直線から R_{in} を求めます。R_{in} は式（10-7）を適用して、式（10-13）になります。

$$R_{in} = \frac{1.0 - 0.6}{40 \times 10^{-6} - 0} = \frac{0.4}{40 \times 10^{-6}} = 10\,[k\Omega] \qquad (10-13)$$

整合条件より T_1 の巻き数比は式（10−14）になります。

$$n_{11} : n_{12} = \sqrt{20\,[k\Omega] : 10\,[k\Omega]} = \sqrt{2 : 1} \qquad (10-14)$$

<u>答：巻き数比 $n_{11} : n_{12} = \sqrt{2 : 1}$</u>

10-2 トランス結合多段増幅回路の解析

トランス結合多段増幅回路は、図10－7のようにマイクの音声増幅など、出力に大きな電力が必要なとき、よく使われます。前章の CR 結合型の多段増幅ですと、コレクタに接続されている抵抗に電力が消費され、最終段の負荷まで電力がかなり消費されます。また、インピーダンス整合もされていないため、電力がうまく伝わりません。そこで、CR 結合のコレクタに接続されている抵抗の代わりにトランスを接続して、さらにそのトランスを使ってインピーダンス整合を行うことにより、電力を効率よく伝えます。

トランス結合多段増幅回路の構成は、図10－7のように大きく2つに分かれます。1つは微小信号を増幅する回路、もう1つは大振幅増幅回路です。マイクや CD などから得られる電圧は数 $[mV]$（ラジオなどのアンテナから得られる電圧は数 $[\mu V]$）なので、それを増幅します。必要なら、微小信号増幅部分を2段にして増幅します（合計で3段になります）。微小信号増幅部分は電圧のみ増幅する回路でも問題ないときが多いようですが、次の段で電力が必要な回路では微小信号増幅部分では、電圧・電流が増幅されます。大振幅増幅では、最終的に電圧・電流ともに増幅してスピーカーなどの負荷に出力します。

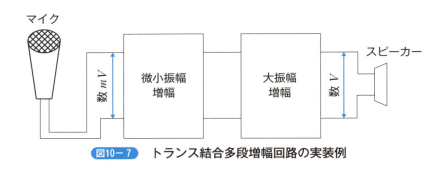

図10－7　トランス結合多段増幅回路の実装例

具体的にトランス結合多段増幅回路を解析します。本節では、図10－8に示す2段のトランス結合多段増幅回路を解析します。2段とも電圧・電流を増幅し、次の段でその電力を効率的に伝えるという観点で解析します。この増幅回路では、1段目で微小振幅信号を増幅するので、h パラメータ等価回路を使った解析を行い、2段目は1段目で増幅した信号を使った大振幅増幅なので、10－1節で説明した（グラフを活用した）解析を行います。

第10章 トランス結合型 増幅回路

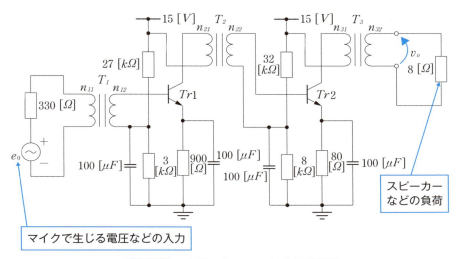

図10−8 2段のトランス結合増幅回路

2つのトランジスタの動作点を求めます。$Tr1$、$Tr2$、および$8\,[\Omega]$の負荷とはトランスで絶縁されているので、直流のみ考慮すると別々に解析できます。トランスは短絡除去、コンデンサは開放除去すると、$Tr1$および$Tr2$における直流のみ考慮した回路図は、それぞれ図10−9（a）、（b）になります。なお、$Tr1$および$Tr2$のベース−エミッタ間電圧は、両トランジスタとも$0.6\,[V]$とします。この図に式（10−1）を適用してコレクタ電流I_Cを求めると$Tr1$のコレクタ電流I_{C1}は式（10−15）、$Tr2$のコレクタ電流I_{C2}は式（10−16）になります。

$$I_{C1} = \frac{\left(\frac{3\times 10^3}{(27+3)\times 10^3}\times 15 - 0.6\right)}{900} = 1\,[mA] \tag{10−15}$$

$$I_{C2} = \frac{\left(\frac{8\times 10^3}{(32+8)\times 10^3}\times 15 - 0.6\right)}{80} = 30\,[mA] \tag{10−16}$$

また、コレクタ−エミッタ間電圧V_{CE}とエミッタに接続されている抵抗にかかる電圧を足すと電源電圧になるので、$Tr1$のV_{CE1}および$Tr2$のV_{CE2}はそれぞれと式（10−17）、式（10−18）になります。

$$V_{CE1} = 15 - 900 \times 1 \times 10^{-3} = 14.1\,[V] \tag{10−17}$$

$$V_{CE2} = 15 - 80 \times 30 \times 10^{-3} = 12.6\,[V] \tag{10−18}$$

したがって、$Tr1$よび$Tr2$の動作点は、それぞれ（$14.1\,[V]$, $1\,[mA]$)、(12.6

10-2 トランス結合多段増幅回路の解析

$[V]$, 30 $[mA]$) となります。

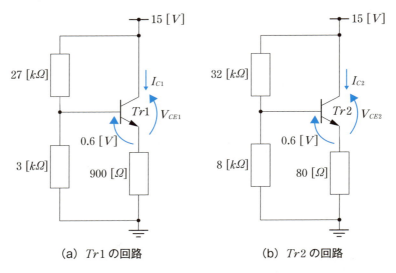

(a) $Tr1$ の回路　　　　(b) $Tr2$ の回路

図10-9　図10-8の回路を直流のみ考慮したときの回路図

　交流のみ考えて、整合条件から巻き数比を求めていきます。$Tr1$のトランジスタの入力インピーダンス R_{in1} および出力インピーダンス R_{o1} を求めます。これらの数値は、$Tr1$に接続されているトランス T_1 および T_2 の巻き数比計算で必要になります。$Tr1$は微小信号増幅なので、hパラメータ等価回路を使います。図10-10（a）のように、$Tr1$の周辺回路のみを考え、トランス T_1 は電源＋抵抗、T_2は抵抗にそれぞれ置き換え、コンデンサおよび直流電圧源を短絡除去すると、図10-10（b）のエミッタ接地回路になります。この回路の動作点付近の hパラメータを調べると、それぞれ、$h_{ie}=9\,[k\Omega]$、$h_{re}=0.63\times10^{-4}$、$h_{fe}=290$、$h_{oe}=8.5\times10^{-6}\,[S]$ になったとします。また、図10-10（b）は、8章で入出力抵抗を求めたときの回路図※注と同じです。したがって、入力インピーダンス R_{in1} および出力インピーダンス R_{o1} は式（8-25）および式（8-29）になります。

※注：8章の図8-6（a）を参照。

第10章 トランス結合型 増幅回路

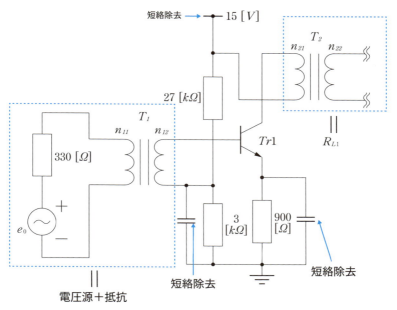

（a）等価回路への変換方式

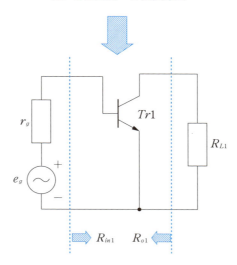

（b）変換後の回路

図10-10 $Tr1$ の周辺回路における交流のみ考えた等価回路

ここで、図10-10（b）で整合条件を考えます。右側（出力側）では、R_{o1} と

R_{L1}が等しいときに電力が最大になるので、式（8−25）のR_LをR_{o1}にして式（10−19）が得られて、左側（入力側）では、r_gとR_{in1}が等しいときに電力が最大になるので、式（8−29）のr_gをR_{in1}にして式（10−20）が得られます。

$$R_{in1} = h_{ie} - \frac{h_{re} \times h_{re} \times R_{o1}}{1 + h_{oe} \times R_{o1}} \tag{10−19}$$

$$R_{o1} = \frac{1}{h_{oe} - \dfrac{h_{re} \times h_{fe}}{R_{in1} + h_{ie}}} \tag{10−20}$$

式（10−19）および式（10−20）をR_{in1}およびR_{o1}に関する連立方程式として解くと、R_{in1}が式（10−21）で表すことができます。

$$R_{in1} = \sqrt{\frac{h_{oe} \times h_{ie}^2 - h_{re} \times h_{fe} \times h_{ie}}{h_{oe}}} \tag{10−21}$$

式（10−21）に先ほど調べたhパラメータの式を代入すると、R_{in1}は約7.85 [$k\Omega$]になります。このR_{in1}の値とhパラメータの値を式（10−20）に代入すると、R_{o1}は約135 [$k\Omega$]になります。このR_{in1}を用いて、T_1巻き数比を求めると、式（10−22）になります。

$$n_{11} : n_{12} = \sqrt{330[\Omega] : 7850[\Omega]} \fallingdotseq \sqrt{1 : 23.8} \fallingdotseq 1 : 4.88 \tag{10−22}$$

2段目（$Tr2$）は大振幅増幅として、図10-11（a）を解析します。出力電圧・電流が最大振幅となる負荷線は、$Tr2$の動作点から$(0, 2\times30\times10^{-3})$と$(2\times12.6, 0)$を通る直線なので、式（10−3）を用いて見かけ上の負荷R_{L2}は式（10−23）になります。

$$R_{L2} = \frac{12.6}{30 \times 10^{-3}} = 420 \, [\Omega] \tag{10−23}$$

したがって、T_3の巻き数比は、式（10−24）になります。

$$n_{31} : n_{32} = \sqrt{420[\Omega] : 8[\Omega]} \fallingdotseq \sqrt{52.5 : 1} \fallingdotseq 7.21 : 1 \tag{10−24}$$

T_2の巻き数比を求めるために、図10-11（b）のベース電圧−電流特性から$Tr2$の入力インピーダンスR_{in2}を求めます。図10-11（b）を直線近似して、式（10−7）からR_{in2}を求めると式（10−25）になります。

$$R_{in2} = \frac{0.6 - 0.5}{10 \times 10^{-6} - 0} = \frac{0.1}{10 \times 10^{-6}} = 10 \, [k\Omega] \tag{10−25}$$

したがって、T_2の巻き数比は式（10−26）になります。

$$n_{21} : n_{22} = \sqrt{135[k\Omega] : 10[k\Omega]} = \sqrt{13.5 : 1} \fallingdotseq 3.67 : 1 \tag{10−26}$$

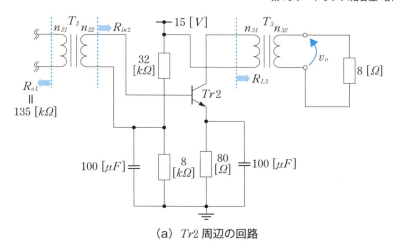

(a) $Tr2$ 周辺の回路

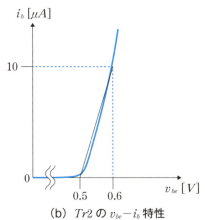

(b) $Tr2$ の $v_{be}-i_b$ 特性

図10-11 $Tr2$の周辺回路と $v_{be}-i_b$ 特性

第11章
電力増幅回路

　前章のトランス結合多段増幅回路において、最終段の大振幅増幅回路は電力（電圧と電流）を増幅しているので、「電力増幅回路」といいます。電力増幅回路にはA級、B級、およびC級などがあります。特性グラフを用いた電力増幅動作の観点からいうと、各級で変わるのは動作点の位置で、前章で取り上げた回路の動作点だと、A級電力増幅回路です。本章では、電圧増幅回路と電力増幅回路が異なる点を整理した後、基本的なA級およびB級プッシュプルの電力増幅回路を取り上げ、これらの回路の効率について説明します。

11-1 電力増幅回路と電圧増幅回路とで異なること

　電圧増幅回路では増幅度が重要ですが、電力増幅回路では増幅度よりはインピーダンス整合やトランジスタでの電力効率が優先されます。それだけインピーダンス整合やトランジスタでの電力効率の影響が大きいのです。また、電力増幅回路では、トランジスタでの電力効率のほかに、歪みやトランジスタの熱対策が重要になります（表11-1参照）。

　電力効率は変換効率と考えることができます。電力増幅回路では、ベース側の入力信号に対応して、コレクタ側に供給される直流電力を交流電力に変換しているとも考えられます。したがって、直流電力がどの程度の交流電力に変換したかの割合を示す指標として、**電力効率（η）** が定義されています。つまり、電力効率（η）[%] は、交流電力÷直流電力 ×100となります。

　波形の歪みに関していえば、電圧増幅回路は入力信号が微小なので、線形部分を使って増幅すれば、出力波形の歪みもそれほど現れません。しかし、大振幅増幅では入力信号が大きく、非線形部分（特にコレクタ－エミッタ間電圧が$0[V]$に近い部分）に入力信号が入ってしまうと、出力波形が歪みます。

　熱に関して、電力増幅回路ではトランジスタに大きな電流が流れ、大きな電圧もかかるので、消費電力が高くなります。そうなると、トランジスタの消費電力により熱が発生し、トランジスタの温度を上昇させます。以前説明したとおり、トランジスタは温度上昇よって特性が大きく変わるので、温度上昇を抑えなければなりません。そこで、一般的にはヒートシンクという部品を使って、トランジスタの熱を大気に発散させ、温度上昇を防ぎます。

表11-1　電圧・電力増幅回路の項目別重要性

項目 回路	増幅度	周波数特性	効率	波形の歪み	熱対策
電圧増幅	○	○	×	×	△
電力増幅	△	△	○	○	○

11-2 A級電力増幅回路

　前章で説明したように、図11－1（a）の回路が電力増幅回路の基本構成です。動作点を図11－1（b）のように動作点の中心に設定して、出力電圧・電流が最大になるように見かけ上の負荷を調整すると、A級電力増幅回路になります。電流負帰還バイアス回路でも同じ増幅波形を得ることができますが、コレクタに接続された抵抗による電力消費により効率が悪くなります（全消費電力の50％がこの抵抗で消費されます）。また、前述したとおり、トランスでインピーダンス整合を行うことができるので、電力を効率よく伝えることができます。

　前章で説明したように、$v_{ce}-i_c$特性を細かく見ると、v_{ce}が0[V]付近はi_cが急減に変化したり、0[A]だったりします。そこを避けるために、実際にはv_{ce}の波形の最小値を図11－1（b）に示すようなV_{CE-MIN}にします。そうすることにより歪みなく増幅波形が得られます。したがって、出力電圧波形v_{ce}の振幅はV'_{CE-A}となり、出力電流の振幅はI'_{C-A}となります。

　A級電力増幅回路の効率を考えます。説明を簡単にするために、ここで考える効率は、（厳密には）トランジスタの部分で生じる電力効率とします。トランジスタの電力効率（η[％]）は、トランジスタの交流電圧・電流波形の最大振幅時の電力（P_{AC_MAX}）をトランジスタの直流電圧・電流（動作点の電圧・電流）の電力（P_{DC}）で割ることで求められ、式（11－1）になります。

$$\eta = \frac{P_{AC-MAX}}{P_{DC}} \times 100 \qquad (11-1)$$

　P_{DC}は、動作点のコレクタ－エミッタ間電圧V_{CE}とコレクタ電流I'_Cから式（11－2）で求められます。

$$P_{DC} = V_{CE} \times I'_C \qquad (11-2)$$

　P_{AC_MAX}は、トランジスタの交流電圧波形（振幅V'_{CE-A}）と交流電流波形（振幅I'_{C-A}）から式（11－3）で求められます。

$$P_{AC\_MAX} = \frac{V'_{CE-A}}{\sqrt{2}} \times \frac{I'_{C-A}}{\sqrt{2}} \qquad (11-3)$$

　ここで注意することは、トランジスタの交流電圧波形の振幅が、V_{CC}ではなくV'_{CE-A}であることです。よくある説明で、A級増幅回路の動作点のコレクタ－エミッタ間電圧をV_{CC}（つまり、トランジスタの交流電圧波形の振幅をV_{CC}）として、考えているものが多いです。前章の例題にもあるように、V'_{CE-A}をV_{CC}に近い値に設定することが多いので、そういう説明になることが多いのですが、本

書ではトランジスタのみ電力効率を考えているので、V_{CE-A}として説明します。なお、図11－1（a）の回路で、直流電圧をV_{CC}として直流電力を計算した場合には、抵抗（R_3）の直流電力が入ってしまいます。R_3の直流電力は、電力効率の本質的な部分でないので、考慮せずに説明します。

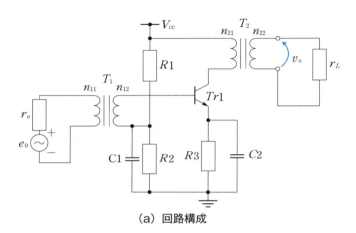

(a) 回路構成

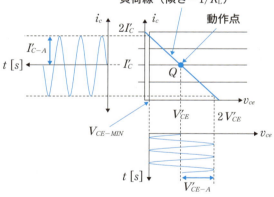

(b) A級電力増幅波形

図11－1 A電力増幅回路の構成と出力電圧・電流波形

ここで、V_{CE-MIN}が比較的小さく無視できると、V'_{CE-A}とI'_{C-A}はそれぞれV'_{CE}とI'_Cに近似できるので、式（11－3）は式（11－4）に近似します。

$$P_{AC\_MAX} \fallingdotseq \frac{V'_{CE} \times I'_C}{2} \tag{11－4}$$

第11章　電力増幅回路

式（11−2）と式（11−4）より、効率 η が求められ、式（11−5）のように 50 [%] の効率になります。

$$\eta = \frac{P_{AC-MAX}}{P_{DC}} \times 100 = \frac{V'_{CE} \times I'_C}{2} \times \frac{1}{V'_{CE} \times I'_C} \times 100 = 50 [\%] \quad (11-5)$$

[例題11−1]

図11−1（a）のA級電力増幅回路において、動作点のコレクタ電流 I'_C が 20 [mA]、T_2 の巻き数比 $n_{21}:n_{22}=10:1$、負荷抵抗 $r_L=5[\Omega]$ とする。トランジスタの交流電圧・電流時の最大電力（P_{AC-MAX}）を求めなさい。なお、T_2 はインピーダンス整合されており、出力電圧波形および電流波形の最大振幅は、それぞれ動作点の電圧および電流とする。

[解答]

交流電流の最大振幅値 I'_{C-A} は、動作点のコレクタ電流値 I'_C なので、20 [mA] となります。

インピーダンス整合の条件からトランジスタから見たトランス T_2 の見かけ上の抵抗値 R_L を求めると、式（11−6）になります。

$$\sqrt{R_L : r_L} = n_{21} : n_{22}$$
$$R_L : 5 = 10^2 : 1$$
$$R_L = 5 \times 10^2 = 500 [\Omega] \quad (11-6)$$

図11−1（a）における交流のみ考えたときの等価回路は、図10−2（b）と同じ回路になり、トランス T_2 の等価回路である見かけ上の抵抗値 R_L にかかる電圧とトランジスタのコレクタ − エミッタ間電圧 v_{ce} は同じで、トランス T_2 にはコレクタ電流が流れているので、トランス T_2 の見かけ上の抵抗値 R_L とコレクタ電流の最大振幅値からトランジスタの交流電圧の最大振幅値 V'_{CE-A} が求まり、式（11−7）になります。

$$V'_{CE-A} = R_L \times I'_{C-A} = 500 \times 20 \times 10^{-3} = 10 [V] \quad (11-7)$$

したがって、トランジスタの交流時の最大電力は、式（11−8）になります。

$$P_{AC\_MAX} = \frac{V'_{CE-A}}{\sqrt{2}} \times \frac{I'_{C-A}}{\sqrt{2}} = \frac{1}{2} \times 10 \times 20 \times 10^{-3} = 0.1 [W] \quad (11-8)$$

答：0.1 [W]

11-2 A級電力増幅回路

> [例題11-2]
> 効率を近似せずに求めることを考える。動作点 $(V'_{CE}, I'_C) = (13\,[V], 20\,[mA])$ で、実際の交流電圧波形の最大振幅 V_{CE-A} が $12.5\,[V]$ とする。このときのトランジスタの交流電圧・電流波形の最大振幅時の電力 (P_{AC_MAX}) と効率 η を求めなさい。

[解答]

図11-2の負荷線の式を求めます。負荷線の傾きは $-20\times10^{-3}/13$、i_c軸切片は $40\times10^{-3}\,[A]$ なので、負荷線の式は式(11-9)で表せます。

$$i_c\,[A] = -\frac{20\times10^{-3}}{13}\times v_{ce}\,[V] + 40\times10^{-3} \qquad (11-9)$$

交流電圧の最小電圧は動作点の電圧 $13\,[V]$ から最大振幅 $12.5\,[V]$ を引けばよいので、$0.5\,[V]$ になります。この $0.5\,[V]$ を式(11-9)の v_{ce} に代入すると、最小電圧時の電流値 (I_{C-MAX}) が得られて、式(11-10)になります。

$$I_{C-MAX}\,[A] = -\frac{20\times10^{-3}}{13}\times 0.5 + 40\times10^{-3} \fallingdotseq 39.23\times10^{-3}\,[A] \qquad (11-10)$$

交流電流の最大振幅 I'_{C-A} は、$39.23\,[mA]$ から動作点の $20\,[mA]$ を引けばよいので、$19.23\,[mA]$ になります。したがって、トランジスタの交流時の最大電力は、式(11-11)になります。

$$P_{AC\_MAX} = \frac{V'_{CE-A}}{\sqrt{2}}\times\frac{I'_{C-A}}{\sqrt{2}} = \frac{1}{2}\times 12.5\times 19.23\times 10^{-3} = 0.12\,[W] \qquad (11-11)$$

効率 η は式(11-12)になります。

$$\eta = \frac{P_{AC\_MAX}}{P_{DC}}\times 100 = \frac{0.12}{13\times 20\times 10^{-13}}\times 100 \fallingdotseq 46.15 \qquad (11-12)$$

したがって、歪みのない出力波形での効率は、理想的な効率 $50\,[\%]$ より約 $4\,[\%]$ 弱悪く、$46.15\,[\%]$ になります。

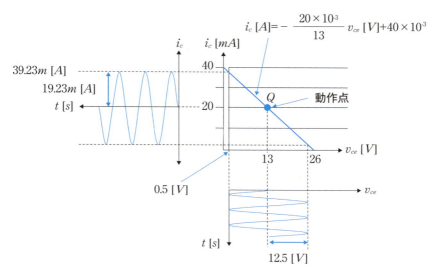

図11-2 例題11-2の交流電圧・電流波形

答：$\eta = 46.15$ [%]

11-3 B級プッシュプル電力増幅回路

　B級プッシュプル電力増幅回路を説明する前に、B級電力増幅回路を説明します。B級電力増幅回路では、図11－3のように動作点を負荷線の一番右側（つまり、コレクタ電流が$0[A]$）に設定します。回路的に説明すると、図11－4のようにベース－エミッタ間に直接入力信号e_0が接続された形になります。ここで、ベース－エミッタ間に正の電圧をかけてもベース電流が流れない電圧（以前の例では、$0 \sim 0.6[V]$程度）を無視し、少しでも正の電圧をかけたらベース電流が流れるとします。図11－4の回路で、入力信号として交流電圧信号を掛けると正の電圧(図中①の部分)のときは、ベース電流が流れて、それに対応したコレクタ電流が流れます。

　しかし、負の電圧（図中②の部分）ときはベース電流が流れず、コレクタ電流も流れません。したがって、出力波形v_{ce}も現れず、図11－3のようにsin波の上半分だけ現れる波形になります。このような場合は、図11－5のようにトランジスタを2つ使って入力信号が負の電圧のときの対応をします。この図11－5の回路がB級プッシュプル電力増幅回路です。

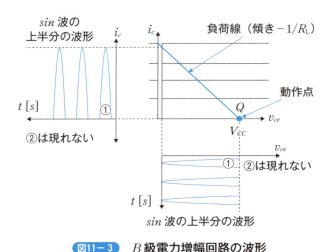

図11－3　B級電力増幅回路の波形

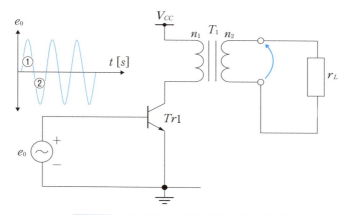

図11−4 B級電力増幅回路の基本構成

　図11−5の $Tr1$ および $Tr2$ は同じ特性を持ったトランジスタです。図11−5の回路の動作波形を図11−6に示します。図11−6の $v_{ce}-i_c$ の特性グラフにおいて、上のグラフが $Tr1$ の特性グラフで、下が $Tr2$ の特性グラフになります。図11−5の R_L はトランスを1次側から見たときの抵抗値とします。

　図11−5の回路動作を説明します。入力信号が入っていないときは、両トランジスタとも電流を流さないので、v_{ce1}、v_{ce2} ともに V_{cc} となり、トランスの1次側の電圧（v_{o1}、v_{o2}）は、0[V]になります。正の入力電圧がかかると、$Tr1$ のベース電流が流れて図中①のように $Tr1$ のコレクタ電流 i_{c1} が流れ、v_{ce1} が減少します。その結果 v_{o1} に①のような電圧が生じます。正の入力電圧がかかっている間は、$Tr2$ は電流を流さないので、v_{o2} は0[V]のままです。一方、負の入力電圧がかかると、$Tr2$ のベース電流が流れて、図中②のように $Tr2$ のコレクタ電流 i_{c2} が流れ v_{ce2} が減少します。その結果 v_{o2} に②のような電圧が生じます。

11−3 B級プッシュプル電力増幅回路

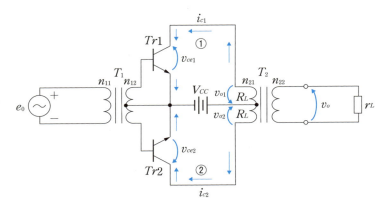

図11−5 B級プッシュプル電力増幅回路

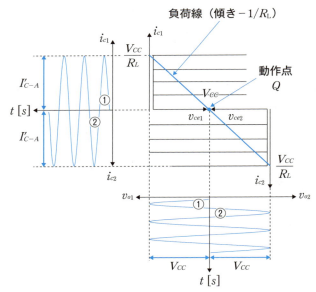

図11−6 B級プッシュプル電力増幅回路の動作波形

第11章　電力増幅回路

　B級プッシュプル電力増幅回路の効率を求めます。交流波形の最大電圧値と電流値を求めるために、負荷線の式を求めます。負荷線の式は、傾き $-1/R_L$ で $(V_{cc}\,[V], 0\,[A])$ を通る直線の式になりますので、式（11-13）で表せられます。

$$i_c = -\frac{1}{R_L} \times v_{ce} + \frac{V_{CC}}{R_L} \tag{11-13}$$

　この負荷線で増幅した交流波形の最大電圧値と電流値は、それぞれ V_{cc} および $I'_{C-A} = V_{CC}/R_L$ です。この交流波形の最大出力電力（P_{AC_MAX}）は、式（11-14）で求められます。

$$P_{AC\_MAX} = \frac{V'_{CE-A}}{\sqrt{2}} \times \frac{I'_{C-A}}{\sqrt{2}} = \frac{V_{CC} \times I'_{C-A}}{2} \tag{11-14}$$

　一方、直流の電力を求めるために、直流電圧・電流を求めます。直流電圧は、図11-5の回路図からわかるように V_{cc} です。直流電流は少し説明が必要です。というのは、図11-6交流電流波形では、プラスとマイナスが打ち消しあって、直流電流は $0\,[A]$ に見えますが、実際はそうではないからです。なぜなら、この交流波形は $Tr1$ と $Tr2$ とが別々に作られているので、打ち消し合いません。したがって、半周期の波形で考えなければなりません。図11-6の i_{c1} の①の波形部分の平均電流 I_{DC} を考え、その電流が入力信号によって変動していると考えます。i_{c1} の①の波形部分の周期を T とし、$T/2$ 周期の波を積分して $T/2$ で割ることにより、平均電流 I_{DC} が求められ、（11-15）式で表せられます。

$$I_{DC} = \frac{2}{T} \times \int_0^{T/2} \frac{V_{CC}}{R_L} \times \sin\left(\frac{2\pi}{T} \times t\right) dt$$

$$I_{DC} = \frac{2}{T} \times \frac{V_{CC}}{R_L} \times \frac{T}{2\pi} \times \int_0^{\pi} \sin(\theta) d\theta$$

$$I_{DC} = \frac{1}{\pi} \times \frac{V_{CC}}{R_L} \times [-\cos(\theta)]_0^{\pi} = \frac{2}{\pi} \times \frac{V_{CC}}{R_L} = \frac{2}{\pi} \times I'_{C-A} \tag{11-15}$$

　式（11-15）と直流電圧 V_{cc} より、直流電力 P_{DC} は式（11-16）になります。

$$P_{DC} = \frac{2}{\pi} \times V_{CC} \times I'_{C-A} \tag{11-16}$$

　式（11-14）と式（11-16）から、電力効率 η は式（11-17）になります。

$$\eta = \frac{\dfrac{V_{CC} \times I'_{C-A}}{2}}{\dfrac{2}{\pi} \times V_{CC} \times I'_{C-A}} \times 100 = \frac{\pi}{4} \times 100 \fallingdotseq 78.5\,[\%] \tag{11-17}$$

　B級プッシュプル電力増幅の場合、直流電力の一部は、交流電力として負荷で消費されます。残りの直流電力は、2つのトランジスタの所で熱として消費され

179

11-3 B級プッシュプル電力増幅回路

ます。つまり、1つのトランジスタで消費される電力 P_T は、式（11-18）になります。

$$P_T = \frac{P_{DC} - P_{AC\_MAX}}{2} \tag{11-18}$$

［例題11-3］

B級プッシュプル電力増幅回路において、$V_{cc}=15V$、$R_L=10[\Omega]$ の場合、交流波形の最大出力電力（P_{AC_MAX}）と直流電力（P_{DC}）を求めなさい。

［解答］

P_{AC_MAX} は、式（11-14）に $I'_{C-A}=V_{CC}/R_L$ を代入して、式（11-19）になります。

$$P_{AC\_MAX} = \frac{V_{CC} \times I'_{C-A}}{2} = \frac{V_{CC}^2}{2 \times R_L} = \frac{15^2}{2 \times 10} = 11.25\,[W] \tag{11-19}$$

P_{DC} は、式（11-16）に $I'_{C-A}=V_{CC}/R_L$ を代入して、式（11-20）になります。

$$\frac{2}{\pi} \times V_{CC} \times I'_{C-A} = \frac{2 \times V_{CC}^2}{\pi \times R_L} = \frac{2 \times 15^2}{3.14 \times 10} \fallingdotseq 14.33\,[W] \tag{11-20}$$

答：$P_{AC\_MAX}=11.25\,[W]$、$P_{DC}=14.33\,[W]$

［例題11-4］

B級プッシュプル電力増幅回路において、1つのトランジスタで消費される電力 P_T が 5 [W] だった。そのときの交流波形の最大出力電力（P_{AC_MAX}）を求めなさい。なお、最大出力電力（P_{AC_MAX}）の電力効率 η は、78.5 [%] として考えなさい。

［解答］

η を P_{AC_MAX} と P_T で表すことを考えます。P_{DC} を式（11-18）から求めると、式（11-21）になります。

$$P_{DC} = 2 \times P_T + P_{AC-MAX} \tag{11-21}$$

したがって、η は式（11-22）になります。

$$\eta = \frac{P_{AC\_MAX}}{P_{DC}} \times 100 = \frac{P_{AC\_MAX}}{2 \times P_T + P_{AC\_MAX}} \times 100 \tag{11-22}$$

式（11-22）の η に78.5 [%]、P_T に 5 [W] を代入して P_{AC_MAX} を求めると、式（11-23）になります。

第11章 電力増幅回路

$$78.5 = \frac{P_{AC\_MAX}}{2 \times 5 + P_{AC\_MAX}} \times 100$$

$$0.785 \times (10 + P_{AC\_MAX}) = P_{AC\_MAX}$$

$$P_{AC\_MAX} = \frac{7.85}{1 - 0.785} \fallingdotseq 36.5 \ [W] \tag{11-23}$$

答：$P_{AC\_MAX} = 36.5 \ [W]$

第12章
負帰還増幅回路

　帰還とは、出力を入力に戻すことをいいます。戻し方は大まかに2つあり、出力を入力に足す戻し方（正帰還）と、入力からを引く戻し方（負帰還）です。本章では、負帰還を中心に説明していきます。負帰還を行うことで、動作が安定したり、入出力抵抗の値が改善したりします。また、次章のオペアンプの回路では、負帰還が基本的な概念になります。本章では、負帰還増幅回路の4つのパターンを説明します。各パターンの増幅度、入出力抵抗を説明します。また、比較的簡単な電圧注入・電流帰還の回路を解析します。

12-1 負帰還の4つのパターンと特徴

　負帰還は、帰還回路の入力・出力を増幅回路の入力・出力に直列に接続するのか並列に接続するのかによって、図12－1のように4つのパターンに分かれます。別の観点で考えると、出力の電圧（または電流）に関連した値を帰還するのか、入力に電圧（または電流）の形で注入するのかによって、4つのパターンに分かれます。本書では、入力（注入）、出力（帰還）とも「電流・電圧」（後者の考え方）で表記します。なお、図中の A は増幅度です。$β$ を帰還率といい、出力電圧（または電流）に $β$ をかけた値が戻されます。

　負帰還回路にする最大の理由は、増幅度の安定にあります。つまり、負帰還回路にすると、負帰還回路全体の増幅度はトランジスタ自体の増幅度「A」とは関係なくなり、A が非常に大きい値であれば、A が温度などで多少変動しても安定した回路になります。これは、入力電圧（または電流）に帰還する出力電圧（または電流）をうまく制御して、安定的な状態にしているからです。ここで重要なことは、「入力電圧としてもどす（注入する）なら、出力電圧（または電流）は入力電圧の A 倍、入力電流としてもどす（注入する）なら、出力電圧（または電流）は入力電流の A 倍」ということです。例えば、電流注入・電圧帰還の場合、入力電流にもどす形になるので、出力電圧は、入力電流の A 倍になります。仮に、入力電圧の A 倍で戻した場合、入力電圧は入力電流とは直接は関係ないので、制御できなくなります。

　これら4つの負帰還回路の大きな違いは、入出力インピーダンス増減にあります。表12－1に負帰還回路毎の入出力インピーダンスを示します。表12－1の中で、R_{in} および R_{out} は、それぞれ増幅回路自体（つまり、負帰還をかける前）の入力・出力インピーダンスを表し、R_{inf} および R_{of} は、それぞれ負帰還回路の入力・出力インピーダンスを表します。

第12章 負帰還増幅回路

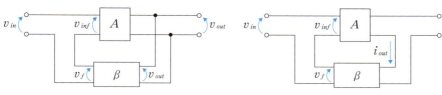

(a) 電圧注入・電圧帰還 (b) 電圧注入・電流帰還

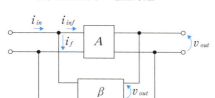
(c) 電流注入・電圧帰還

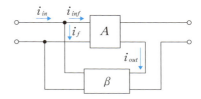
(d) 電流注入・電流帰還

図12-1 負帰還回路の4パターン

表12-1 負帰還回路の入出力インピーダンス

注入 帰還	電圧	電流
電圧	$R_{inf} = (1+A\beta)R_{in}$ $R_{of} = \dfrac{1}{(1+A\beta)} R_{out}$	$R_{inf} = \dfrac{1}{(1+A\beta)} R_{in}$ $R_{of} = \dfrac{1}{(1+A\beta)} R_{out}$
電流	$R_{inf} = (1+A\beta)R_{in}$ $R_{of} = (1+A\beta)R_{out}$	$R_{inf} = \dfrac{1}{(1+A\beta)} R_{in}$ $R_{of} = (1+A\beta)R_{out}$

12-2 増幅回路のモデル化による負帰還回路の解析

前ページの負帰還回路では、増幅回路がブラックボックスなので、増幅回路をモデル化して考えます[※注]。4つのブロックの中で、比較的理解しやすい電圧注入・電圧帰還と、モデル化の回路が少し異なる電流注入・電圧帰還について説明します。

12-2-1 電圧注入・電圧帰還の解析

図12-1 (a) の電圧注入・電圧帰還の増幅部分をモデル化すると、図12-2になります。入力側に電圧源、出力側に負荷抵抗 R_L を接続します。電圧帰還の（電圧を制御する）場合は、入力信号を電圧源（v_{in}）とし、電流帰還の（電流を制御する）場合は、入力信号を電流源（i_{in}）にします。仮に、電圧帰還の場合に、入力信号を電流源（i_{in}）にしたら、電圧が定まらなくなります（なぜなら電流源は一定の電流をながす素子で、電圧は周辺回路に影響されるからです）。

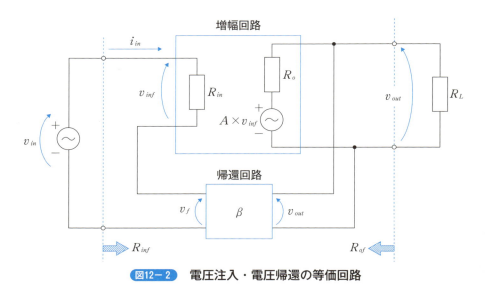

図12-2 電圧注入・電圧帰還の等価回路

電圧注入・電圧帰還の増幅度（$|v_{out}/v_{in}|$）を求めます。右側の回路に分圧の法

※注：増幅回路のモデル化については5-4節を参照。

則を適用して、v_{out} を求めると式（12－1）になります。

$$v_{out} = \frac{R_L}{R_o + R_L} \times A \times v_{inf} \quad (12-1)$$

式（12－1）おいて、R_L が R_o より非常に大きいと考えて近似します。そうすると、式（12－2）になります。

$$v_{out} \fallingdotseq \frac{R_L}{R_L} \times A \times v_{inf} = A \times v_{inf} \quad (12-2)$$

入力へ帰還する（戻す）電圧は、帰還率 β を使って、式（12－3）で表せます。

$$v_f = \beta \times v_{out} = \beta \times A \times v_{inf} \quad (12-3)$$

一方、左の回路で、v_{in} を求めると（12－4）式になります（v_f を式（12－3）に置き換えます）。

$$v_{in} = v_{inf} + v_f = v_{inf} + \beta \times A \times v_{inf} \quad (12-4)$$

式（12－2）と式（12－4）から増幅度（$|v_{out}/v_{in}|$）を求めると、式（12－5）になります。

$$\left|\frac{v_{out}}{v_{in}}\right| = \left|\frac{A \times v_{inf}}{v_{inf} + \beta \times A \times v_{inf}}\right| = \frac{A}{1 + A \times \beta} \quad (12-5)$$

式（12－5）の分母・分子を A で割ると、$1/A$ という項がでます。増幅器によっては、A を数万倍のような大きな値にできるので、そうすると、$1/A$ は β より小さくなり、$1/A$ の項は消えて、式（12－6）のように近似できます。

$$\frac{A}{1 + A \times \beta} = \frac{A/A}{1/A + (A \times \beta)/A} = \frac{1}{1/A + \beta} \fallingdotseq \frac{1}{\beta} \quad (12-6)$$

この式（12－6）で非常に重要なことは、温度などによる特性変化が少ない素子（多くの場合は抵抗）で帰還回路を構成すれば、トランジスタの増幅回路より特性変化に強い増幅度の安定した回路ができるということです。したがって、電子機器に実装されている増幅回路の多くは、負帰還回路を抵抗などの特性変化の少ない素子で構成します。また、$1/A$ は β より小さくなるように増幅回路を構成することにより、特性変化に強い増幅度の安定した回路にできます。ここで $1/A$ は β より小さくなるようにする方法は2つあります。今回のように A を大きくすることと、β を大きくすることです。後述する電圧注入・電流帰還回路では、β を大きくすることにより、A の項を無視できます。

電圧注入・電圧帰還の入力インピーダンス R_{inf} を図12－2の回路で求めます。図12－2の入力側の点線より右側のインピーダンスが入力インピーダンス R_{inf} で、電圧/電流でインピーダンスを求めます。電圧は式（12－4）です。電流 i_{in}

は式(12−7)になります。

$$i_{in} = \frac{v_{inf}}{R_{in}} \qquad (12-7)$$

式(12−4)を式(12−7)で割ると式(12−8)となり、R_{inf}は負帰還をかけないときの入力インピーダンスR_{in}の$(1+A\times\beta)$倍になります。

$$R_{inf} = \frac{v_{inf}+\beta\times A\times v_{inf}}{\frac{v_{inf}}{R_{in}}} = (1+A\times\beta)\times R_{in} \qquad (12-8)$$

出力インピーダンスR_{of}を図12−3の回路から求めます。図12−3の回路は、図12−2の回路に重ね合わせの理を適用して、入力の電圧源を短絡除去した回路です。なお、R_{of}は図12−2の出力側の点線より左側のインピーダンスなので、R_Lは関係ありません。

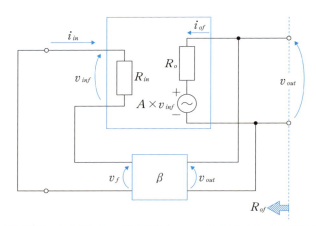

図12−3 電圧注入・電圧帰還のR_{of}を求めるための回路図

図12−3の入力側の回路から式(12−9)が得られます[注1]。

$$v_{inf} = -v_f = -\beta\times v_{out} \qquad (12-9)$$

出力側のKVLの式に式(12−9)を代入すると式(12−10)になります。

$$v_{out} = A\times v_{inf}+R_o\times i_{of} = -A\times\beta\times v_{out}+R_o\times i_{of} \qquad (12-10)$$

式(12−10)から$R_{of}=v_{out}/i_{of}$が求まり[注2]、式(12−11)になります。したがって、R_{of}は、負帰還をかけていないときと比べ$1/(1+A\times\beta)$になります。

※注1：符号に注意すること。
※注2：帰還回路には、電流がほとんど流れ込まないとする。

$$v_{out} + A \times \beta \times v_{out} = R_o \times i_{of}$$

$$R_{of} = \frac{v_{out}}{i_{of}} = \frac{R_o}{1 + A \times \beta} \qquad (12-11)$$

[例題12－1]

図12－4の回路で、$A = 10000$ のとき、次に示す①～④の値を求めなさい。

① 帰還率 β
② 図12－4の回路全体の増幅度（$|v_{out}/v_{in}|$）
③ 図12－4の回路全体の入力インピーダンス R_{inf}
④ 図12－4の回路全体の出力インピーダンス R_{of}

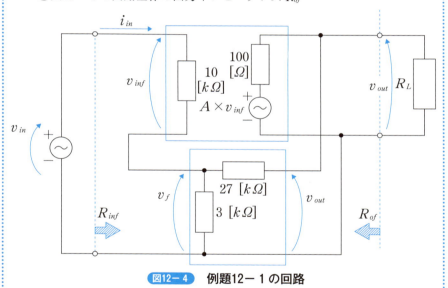

図12－4　例題12－1の回路

[解答]

図12－4は電圧注入・電圧帰還ですので、①以外はこれまで導いきた式から求めます。

① $v_f = \beta \times v_{out}$ と分圧の法則から求めます。27 [$k\Omega$] と 3 [$k\Omega$] の直列接続に v_{out} の電圧がかかっていて、3 [$k\Omega$] の抵抗にかかる電圧が v_f なので、分圧の法則から β が求められ、式（12－12）から 0.1 となります。

$$v_f = \beta \times v_{out} = \frac{3 \times 10^3}{(3 + 27) \times 10^3} \times v_{out} = 0.1 \times v_{out} \qquad (12-12)$$

② 式（12－5）に実際の数値を入れて計算すると式（12－13）になり、$|v_{out}/v_{in}|$

は約10となります。

$$\left|\frac{v_{out}}{v_{in}}\right| = \left|\frac{10000}{1+10000\times 0.1}\right| = \frac{10000}{1001} \fallingdotseq 10 \qquad (12-13)$$

③式（12−8）に実際の数値を入れて計算すると式（12−14）になり、R_{inf} は約10 [$MΩ$] になります。

$$\begin{aligned}R_{inf} &= (1+10000\times 0.1)\times 10\times 10^3 \\ &\fallingdotseq 10\times 10^6 = 10 \ [MΩ]\end{aligned} \qquad (12-14)$$

④式 (12−11) 式に実際の数値を入れて計算すると、式 (12−15) になり、R_{of} は約 0.1[$Ω$] になります。

$$R_{of} = \frac{100}{1+10000\times 0.1} = \frac{100}{1001} \fallingdotseq 0.1 \ [Ω] \qquad (12-15)$$

<u>答：① $β=0.1$、② $|v_{out}/v_{in}|=10$、③ $R_{inf}=10 \ [MΩ]$、④ $R_{of}=0.1 \ [Ω]$</u>

12−2−2　電流注入・電圧帰還の解析

電流注入・電圧帰還のモデル化した回路は、図12−5になります。前節で説明した通り、入力側の入力信号が電流源になります。また、「入力電流としてもどすなら、出力電圧（または電流）は入力電流の A 倍」になるので、増幅回路の出力電圧は、増幅回路に入ってくる電流（i_{inf}）の A 倍になります。

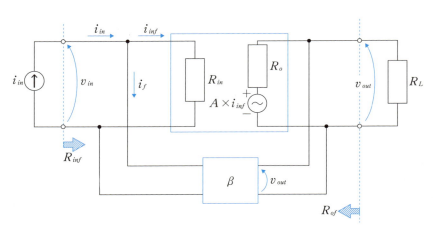

図12−5　電流注入・電圧帰還の等価回路

図12−5の回路の電流注入・電圧帰還の増幅度を求めます。ここでいう増幅度とは、入力電流に対する出力電圧の増幅度になり、（$|v_{out}/i_{in}|$）となります。前節の増幅度（電圧増幅度）とは、異なる指標となります。

電流注入・電圧帰還の増幅度（$|v_{out}/i_{in}|$）を求めます。右側の回路に分圧の法則を適用して、v_{out} を求めると式（12-16）になります。

$$v_{out} = \frac{R_L}{R_o + R_L} \times A \times i_{inf} \tag{12-16}$$

式（12-16）において、R_L が R_o より非常に大きいと考えて、近似します。そうすると、式（12-17）になります。

$$v_{out} = \frac{R_L}{R_L} \times A \times i_{inf} \fallingdotseq A \times i_{inf} \tag{12-17}$$

ここでは、式（12-17）で電圧を電流として戻す（注入する）ので、v_{out} に帰還率 β をかけて式（12-18）が得られます。

$$i_f = \beta \times v_{out} = \beta \times A \times i_{inf} \tag{12-18}$$

一方、左の回路で i_{in} を求めると、式（12-19）になります。

$$i_{in} = i_{inf} + i_f = i_{inf} + \beta \times A \times i_{inf} \tag{12-19}$$

式（12-17）と式（12-19）から増幅度（$|v_{out}/i_{in}|$）を求めると、式（12-20）になります。

$$\left|\frac{v_{out}}{i_{in}}\right| = \left|\frac{A \times i_{inf}}{i_{inf} + \beta \times A \times i_{inf}}\right| = \frac{A}{1 + A \times \beta} \tag{12-20}$$

この値は電圧注入・電圧帰還の増幅度と同じになります。

図12-5の入力側の点線より右側のインピーダンスが入力インピーダンス R_{inf} で、電圧（v_{in}）/電流（i_{in}）からインピーダンスを求めます。v_{in} は増幅回路自体の入力インピーダンス R_{in} と増幅回路に流れ込む電流 i_{inf} から式（12-21）で求められます。

$$v_{in} = R_{in} \times i_{inf} \tag{12-21}$$

電流 i_{in} は式（12-19）ですので、v_{in}/i_{in} は式（12-22）になります。

$$R_{inf} = \frac{R_{in} \times i_{inf}}{i_{inf} + A \times \beta \times i_{inf}} = \frac{R_{in}}{1 + A \times \beta} \tag{12-22}$$

電流注入・電圧帰還の入力インピーダンスに負帰還をかけてないときと比べて、$1/(1 + A \times \beta)$ になります。

出力インピーダンス R_{of} は、図12-6の回路から求めます。図12-6の回路は、図12-3と同様に、図12-5の回路に重ね合わせの理を適用した回路です。図12-5の場合、入力に電流源がありますので、電流源は開放除去になります。

12-2 増幅回路のモデル化による負帰還回路の解析

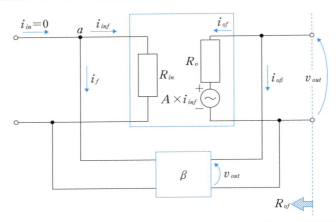

図12-6 電流注入・電圧帰還の R_{of} を求めるための回路図

左側（入力側）の回路で、i_{in} が0になるので、点 a での KCL（電流則）から式（12-23）になります。

$$i_{inf} = -i_f = -\beta \times v_{out} \tag{12-23}$$

右側（出力側）の回路で、増幅回路の出力端子に流れ込む電流を i_{of} とすると、v_{out} は式（12-24）になります。

$$v_{out} = R_o \times i_{of} + A \times i_{inf} \tag{12-24}$$

帰還回路に流れ込む電流 $i_{o\beta}$ が i_{of} より小さく無視すると、$R_{of} = v_{out}/i_{of}$ なので、式（12-23）と式（12-24）より、R_{of} が式（12-25）になります。

$$v_{out} = R_o \times i_{of} + A \times i_{inf} = R_o \times i_{of} - A \times \beta \times v_{out}$$

$$v_{out} + A \times \beta \times v_{out} = R_o \times i_{of}$$

$$R_{of} = \frac{v_{out}}{i_{of}} = \frac{R_o}{1 + A \times \beta} \tag{12-25}$$

電圧注入・電圧帰還の出力インピーダンスも負帰還をかけてないときと比べて、$1/(1 + A \times \beta)$ 倍になります。

12-3 実際の負帰還回路の解析

　本節では、実際の負帰還回路を例にして、回路解析します。ここでは、比較的簡単な電圧注入・電流帰還の回路を取り上げます。図12－7が実際の負帰還回路になります。この回路は、電流負帰還増幅回路のエミッタ端子にバイパスコンデンサを接続していない回路です。図12－8が、図12－7の回路を交流のみ考えた回路に直し、増幅回路と帰還回路がわかるように回路を整理した回路図です。

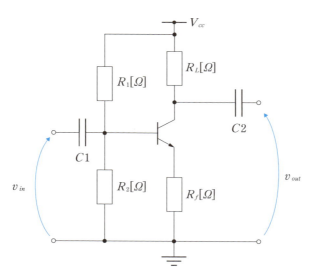

図12－7　電圧注入・電流帰還の回路例

12-3 実際の負帰還回路の解析

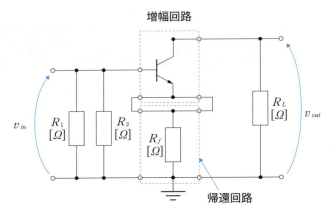

図12-8 図12-7の回路を交流のみで考えた回路

　図12-8からわかるように、増幅回路はトランジスタで、帰還回路はR_fの抵抗です。この回路のトランジスタをhパラメータ等価回路（簡易版）に置き換えると、図12-9になります。ここで、入力側は電圧のみ関係しますので、R_1およびR_2は省略（開放除去）します（この抵抗はあってもなくても、v_{in}は変わりません）。また、R_fには、入力側と出力側の両方から電流が流れることになりますが、入力側の電流（v_{inf}/h_i）が出力電流のそれより非常に小さいので無視します。

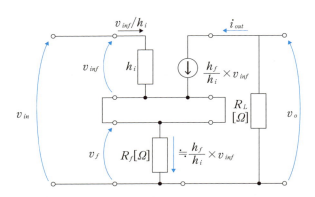

図12-9 電圧注入・電流帰還の回路例の等価回路

　図12-9の回路の増幅度（$|i_{out}/v_{in}|$）を求めます。電圧注入・電流帰還では、「入力電圧としてもどす（注入する）ので、（帰還させる）出力電流は入力電圧の

A倍」ということになるので、ベース電流をベース電圧v_{inf}とh_iで求めて、h_fにかけることにより、出力電流i_{out}を求めます。i_{out}は、式（12-26）になり、Aは式（12-27）になります。また、βはR_fになります。

$$i_{out} = \frac{h_f}{h_i} \times v_{inf} \qquad (12-26)$$

$$A = \frac{h_f}{h_i} \qquad (12-27)$$

入力側の回路において、$v_{in} = v_{inf} + v_f$で、$v_f = R_f \times i_{out}$なので、i_{out}に式（12-26）を適用して、式（12-28）が成り立ちます。

$$v_{in} = v_{inf} + \frac{h_f \times R_f}{h_i} \times v_{inf} \qquad (12-28)$$

式（12-26）と式（12-28）より、$|i_{out}/v_{in}|$を求めると式（12-29）になります。

$$\left| \frac{i_{out}}{v_{in}} \right| = \left| \frac{(h_f/h_i) \times v_{inf}}{\{1 + (h_f \times R_f)/h_i\} \times v_{inf}} \right| = \frac{h_f/h_i}{1 + (h_f/h_i) \times R_f} \qquad (12-29)$$

式（12-29）は、前出の式（12-5）や式（12-20）と同じ形になります。もちろん、増幅度の意味が異なりますが、式の形が同じになります。今回は、βを大きくして、$1/A$を無視できる形にしています。

[例題12-2]
図12-9の等価回路を使って、電圧増幅度（$|v_{out}/v_{in}|$）を求めなさい。

[解答]

v_{out}は$-(R_L \times i_{out})$ですので、式（12-26）、式（12-28）より$|v_{out}/v_{in}|$は式（12-30）になります。

$$\left| \frac{v_{out}}{v_{in}} \right| = \left| \frac{-(h_f/h_i) \times R_L \times v_{inf}}{\{1 + (h_f \times R_f)/h_i\} \times v_{inf}} \right| = \frac{h_f \times R_L}{h_i + h_f \times R_f} \qquad (12-30)$$

$$\text{答}: \left| \frac{v_{out}}{v_{in}} \right| = \frac{h_f \times R_L}{h_i + h_f \times R_f}$$

第13章
オペアンプの基本回路

　オペアンプは、トランジスタと同じように電圧を増幅できますし、電圧の足し算や微分・積分などの演算、フィルタ回路も可能な非常に便利な回路です。電圧増幅回路も非常に安定していて、トランジスタの電圧増幅回路よりもオペアンプの電圧増幅回路のほうがよく使われます。本章では、オペアンプの基本特性を説明した後、オペアンプを使う上で非常に重要な概念であるバーチャルショートを説明します。これらの基本特性やバーチャルショートを利用して、増幅回路や演算回路を説明します。

13-1 オペアンプの基本特性

オペアンプの回路図記号は図13-1(a)のように表され、非反転入力端子 $V_{in}+$ と反転入力端子 $V_{in}-$ の2つの入力と出力端子 V_{out} の1つの出力を備えています。回路図記号では省略されていることがありますが、電源端子（＋電源、－電源）も備えています。オペアンプの主な機能は、入力した2つの電圧信号の差を非常に高い増幅度（数万倍以上）で増幅して、電圧として出力することです。$V_{in}+$ の電圧の方が高い場合の出力はプラス方向に、$V_{in}-$ の電圧の方が高い場合はマイナス方向に増幅します。つまり、図13-1(b)のような電圧を入力に印加すると、入力電圧と出力電圧との間に式（13-1）が成り立ちます。

$$V_{out} = A(E_1 - E_2) \qquad (13-1)$$

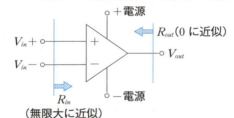

(a) 回路図記号

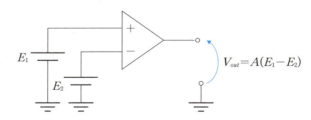

(b) 入力電圧と出力電圧の関係

図13-1 オペアンプの基本特性

実際に使われているオペアンプの出力電圧は、電源電圧の範囲（－電源電圧から＋電源電圧までの範囲）を超えて出力することはできません。さらに厳密にいうと、－電源電圧や＋電源電圧付近では、出力波形に歪みが生じるオペア

ンプや、そもそも − 電源電圧や ＋ 電源電圧の電圧が出力できないオペアンプもあります。そのような場合は、出力電圧を図13−2のように制限します。しかし、図13−3のように電源電圧ギリギリまで出力できるオペアンプもあり、「*Rail to Rail*（レイルツーレイル）オペアンプ」と呼ばれています。*Rail to Rail* オペアンプとしては、*LM*662が有名です。

マイコンの *A/D* 変換端子にオペアンプの出力電圧を直接入力することがあります。マイコンの電源は V_{cc}（5 [*V*] や3.3[*V*] など）とグラウンド（0 [*V*]）しかなく、− 電源がないことがあるので、− 電源をグラウンドにします。その場合、出力電圧の 0 [*V*] 付近が歪んでいます。そこで、図13−4のように − 電源の歪みのみを改善し、0 [*V*] ギリギリまで出力できる製品があります。そのような製品は単電源オペアンプと呼ばれています。単電源オペアンプとしては、*LM*358が有名です。

オペアンプのその他の特徴として、入力インピーダンスが非常に大きい（数 [*MΩ*] 以上）ことや出力インピーダンスが非常に小さい（数十 [*Ω*] 以下）という特徴があります。これは多段結合時に有利ですし、入力インピーダンスが非常に高いことは、後述するバーチャルショートを説明する際に重要な特性です。

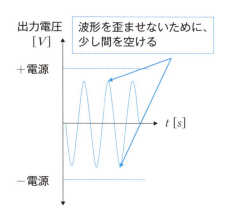

図13−2 通常のオペアンプの出力電圧の範囲

● 13-1 オペアンプの基本特性

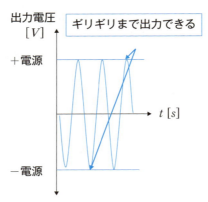

図13-3 Rail to Rail のオペアンプの出力電圧の範囲

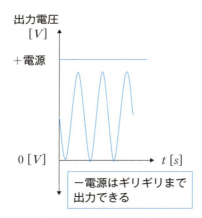

図13-4 単電源のオペアンプの出力電圧の範囲

13-2 負帰還動作およびバーチャルショート

前節で「オペアンプの増幅度は数万倍以上」と書きましたが、この増幅度を使って直接増幅を行うことはありません。したがって、オペアンプの代表的な反転増幅回路や非反転増幅回路の増幅度には、オペアンプ自体の増幅度が入っていません。オペアンプを使った増幅回路では、前節で説明した負帰還を使って、抵抗の値のみで増幅度を決められるようにします。このときに重要なことは、次の2つです。

1. 入力インピーダンスが非常に大きく、無限大に近似できること
2. この後に説明するバーチャルショートで、2つの入力端子の電位が等しい（つまり、入力端子間の電圧が $0\,[V]$）であること

バーチャルショートを説明するために、図13-5に示すオペアンプを使った負帰還回路を考えます。この回路の端子 a（$V_{in}+$ と同じ）および端子 b（$V_{in}-$ とは異なります）にそれぞれ $v_1\,[V]$ および $v_2\,[V]$ の電圧をかけます。そのとき、端子 n（$V_{in}-$ と同じ）の電圧は $v_{2n}\,[V]$ になり、何らかの出力電圧（$x\,[V]$）が得られます。このときにも当然、式（13-1）が成り立っているので、式（13-2）も成り立ちます。

$$x = A(v_1 - v_{2n}) \qquad (13-2)$$

式（13-2）の A を左辺に持ってきて A を無限大にすると、x は有限な値（無限大に比べ非常に小さい値）なので、式（13-3）が成り立ち、$v_1 = v_{2n}$ が成り立ちます。

$$\frac{x}{A} = (v_1 - v_{2n}) \Rightarrow \frac{x}{\infty} = (v_1 - v_{2n}) \Rightarrow 0 = (v_1 - v_{2n}) \qquad (13-3)$$

このように図13-5のような負帰還をかけると、$v_1 = v_{2n}$ になることをバーチャルショート（イマジナリショートや仮想短絡ともいいます）といい、オペアンプの増幅回路を考える上で非常に重要なことです。ここでの「ショート」は、線と線をつけるとその線の先にある端子間の電圧は $0\,[V]$（つまり同電位になります）ということです。

このバーチャルショートが成り立っている状態で v_2 を固定し、v_1 の電圧を上げます（図中①）。そうすると、v_1 と v_{2n} の間に電位差が生じ、x が急上昇します（図中②）。しかし、それとほぼ同時に v_{2n} も上がり（図中③）、$v_1 = v_{2n}$ を保とう

13-2 負帰還動作およびバーチャルショート

とします（図中④）。もし、v_{2n}が上がりすぎてv_1の電圧を超えてしまっても先の説明の逆のことが起きて、v_1に近づいていきます。この動作が一瞬で起きて、$v_1 = v_{2n}$を保ち続けます。説明を簡単にするため、v_2を固定しましたが、v_2を固定しなくても$v_1 = v_{2n}$になるように動作します。

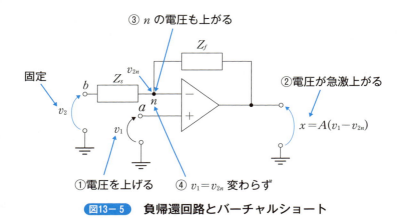

図13-5 負帰還回路とバーチャルショート

13-3 比較回路

　オペアンプを使った回路を紹介します。比較的簡単な回路として、図13－6に示す比較回路を説明します。この回路は、少しでも電圧差があると非常に高い（または低い）電圧を生じさせることと、実際の仕様で出力電圧の範囲が制限されることを利用しています。比較回路は、単電源オペアンプを使って、入力電圧（V_{comp}）[V] が、基準電圧（V_{ref}）[V] より高いか低いかを、0 [V] か V_h [V] で出力する回路です。ここで、V_h [V] はオペアンプの仕様で決められている最大出力電圧で、電源電圧に近い値となります（Rail to Rail のオペアンプなら電源電圧になります）。

　比較回路では、$V_{in}-$ 端子を V_{ref} [V] に固定します。図13－4では、抵抗を使って電源電圧を分圧して V_{ref} [V] を作っていますので、V_{ref} [V] は式（13－4）になります。

$$V_{ref} = \frac{R_2}{R_1 + R_2} \times V_{CC} \qquad (13-4)$$

　入力端子 $V_{in}+$ に V_{comp} [V] の電圧を加えます。V_{comp} [V] が V_{ref} [V] より大きい場合、式（13－1）により非常に高い正の電圧が出力されようとしますが、オペアンプの仕様により、最大値 V_h [V] になります。ほんの少し大きくても A が非常に大きいので、式（13－1）に当てはめると V_{out} は V_h [V] を超えてしまいますが、仕様により V_h [V] になります。したがって、V_{comp} [V] が V_{ref} [V] より大きい場合、一律に V_h [V] が出力されます。

　V_{comp} [V] が V_{ref} [V] より小さい場合、非常に大きい負の電圧が出力されようとしますが、オペアンプの仕様と － 電源電圧端子をグラウンドに接続していることから、最小値 0 [V] になります。ほんの少し小さくても A が非常に大きいので、式（13－1）ではマイナスになってしまいますが、仕様により 0 [V] になります。したがって、V_{comp} [V] が V_{ref} [V] より小さい場合、一律に 0 [V] が出力されます。

　V_{comp} [V] が V_{ref} [V] より小さいときに V_h [V] を出力させたい場合は、入力端子 $V_{in}+$ を基準電圧（V_{ref} [V]）に固定し、$V_{in}-$ に V_{comp} [V] の電圧を加えます。

13-3 比較回路

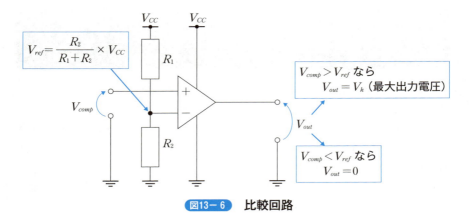

図13-6 比較回路

> [例題13-1]
>
> $1 [k\Omega]$ の抵抗を3つと、$Rail\ to\ Rail$ のオペアンプ2つを使って、1つの入力端子と2つの出力端子を持った比較回路を考える。その回路では、電源電圧を $6 [V]$ に設定し、入力端子の電圧が $4 [V]$ より大きくなると、ある1つのオペアンプの出力電圧(V_{out4})が $6 [V]$ になり、$2 [V]$ より小さくなると、別のオペアンプの出力電圧(V_{out2})が $6 [V]$ になる回路である。このような動作をする比較回路を作成しなさい。

[解答]

図13-7のように、抵抗を3つ直列に接続します。そうすると、$2 [V]$ と $4 [V]$ はそれぞれ電源電圧の1/3および2/3なので、点 a および点 b の電位はそれぞれ式(13-5)および式(13-6)になります。

$$点\ a : \frac{1 \times 10^3 + 1 \times 10^3}{1 \times 10^3 + 1 \times 10^3 + 1 \times 10^3} \times 6 = 4 [V] \quad (13-5)$$

$$点\ b : \frac{1 \times 10^3}{1 \times 10^3 + 1 \times 10^3 + 1 \times 10^3} \times 6 = 2 [V] \quad (13-6)$$

$4 [V]$ より大きくなったときを判定するオペアンプには、点 a と $V_{in}-$ を接続し、$2 [V]$ より小さくなったときを判定するオペアンプには、点 b と $V_{in}+$ を接続します。

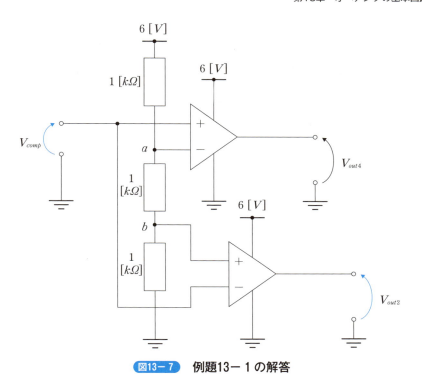

図13－7 例題13－1の解答

答：図13－7の回路図

13-4 反転増幅回路

　負帰還を使った増幅回路として、反転増幅回路を説明します。回路図は図13－8（a）になり、図13－5の回路の $V_{in}+$ 端子をグラウンドに接続し、Z_f と Z_s が抵抗になります。この回路の v_{in} と v_{out} の関係を考えます。

　負帰還回路からバーチャルショートが成り立ちますので、点 n の電位は $0\,[V]$ です。また、入力端子の入力インピーダンスが無限大と近似して、オペアンプに電流が流れ込まないとします。そうなると、図13－8（a）の矢印のように、R_s に流れる電流と同じ量の電流が R_f にも流れます。その電流値を i とします。点 n の電位は $0\,[V]$ ということから R_s にかかる電圧は v_{in} となり、式（13－7）が成り立ちます。

$$v_{in} = R_s \times i \tag{13-7}$$

同様に、R_f にかかる電圧 v_{RF} から v_{out} を求めると、式（13－8）になります。

$$v_{RF} = 0 - v_{out} = R_f \times i$$
$$v_{out} = -R_f \times i \tag{13-8}$$

　式（13－7）および式（13－8）から、v_{in} と v_{out} の関係は式（13－9）になります。

$$v_{out} = -\frac{R_f}{R_s} \times v_{in} \tag{13-9}$$

　したがって、式（13－9）から v_{in} がプラスに変化すると、v_{out} がマイナスに変化し、波形が反転します。このことから、図13－8（a）の回路を反転増幅回路と呼んでいます。この回路の動作イメージは、図13－8（b）のようなシーソーに似ています。点 n が $0\,[V]$ で固定していて、入力側の板の長さが R_s、出力側の板の長さが R_f です。シーソーのように、v_{in} を上げれば v_{out} が下がり、下げれば上がります。

　反転増幅回路をマイコンなどの単電源で使用する場合は注意が必要です。それは、マイナス電圧が入出力できないことです。そこで、$V_{in}+$ 端子のグラウンド接続の所を工夫します。図13－9（a）がマイコン（マイナス電圧がない装置）に対応した反転増幅回路です。点 n を $0\,[V]$ ではなく、電源電圧（V_{CC}）の半分で固定します。また、入力信号は電源電圧の半分を中心とした信号波形にします。もし、信号源に直流成分がない場合は、図13－9（a）のように電源電圧の半分の直流電圧源を直列に接続します。そうすると、図13－9（b）のようなシーソーのイメージなります。ただ、この状態でも、増幅度が高いと出力がマイナ

第13章　オペアンプの基本回路

スになりますので、入力信号の最大振幅を考えて増幅度を決めます。

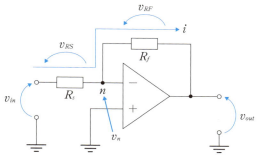

（a）反転増幅回路

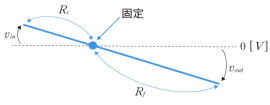

（b）動作イメージ

図13-8　反転増幅回路と入出力電圧の関係

図13-9（a）における v_{in} と v_{out} の関係を考えます。R_s にかかる電圧から v_{in} を求めると、式（13-10）になります。

$$v_{in} + \frac{1}{2}V_{CC} - \frac{1}{2}V_{CC} = R_s \times i$$

$$v_{in} = R_s \times i \tag{13-10}$$

R_f にかかる電圧から v_{out} を求めると、式（13-11）になります。

$$\frac{1}{2}V_{CC} - v_{out} = R_f \times i \tag{13-11}$$

式（13-10）および式（13-11）から v_{in} と v_{out} の関係を求めると、式（13-12）になります。

$$v_{out} = -\frac{R_f}{R_s} \times v_{in} + \frac{1}{2}V_{CC} \tag{13-12}$$

式（13-12）において、v_{in} の最大値を V_{max} [V] とすると、v_{in} が V_{max} のときに v_{out} が 0 より小さくならなければよいので、式（13-12）の v_{in} に V_{max}、v_{out} に

13-4 反転増幅回路

0 を代入して、R_f/R_s を求めると式（13-13）になります。

$$\frac{R_f}{R_s} = \frac{V_{CC}}{2 \times V_{max}} \tag{13-13}$$

R_f/R_s を式（13-13）で求めた値より大きくしてしまうと、v_{out} がマイナスになってしまうので注意してください。

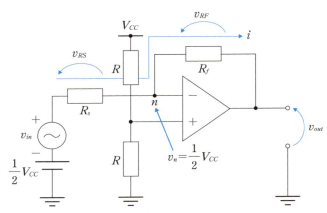

（a）単電源用反転増幅回路

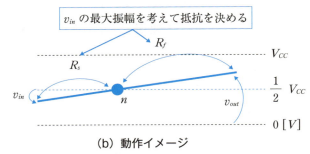

（b）動作イメージ

図13-9　単電源における反転増幅回路

［例題13－2］

図13－10のような反転増幅回路を考える。オペアンプは、単電源で *Rail to Rail* のオペアンプを使う。オペアンプの＋電源端子は＋5 [V]、－電源端子はグラウンド（GND：0 [V]）に接続する（図13－10では省略してある）。最大振幅の入力信号を v_{in} [V]＝$0.2 \times \sin(\omega t)$ としたときに、2.5 [V] を中心に 0 [V] から 5 [V] の電圧を出力させる場合、次の問いに答えなさい。

問1 　図13－10の①～③（①、②：抵抗値、③：電圧値）に当てはまる数値を答えなさい。

問2 　v_{in} の波形と v_{out} 波形を描きなさい。なお、$\sin(\omega t)$ は周期 1 [μs] の波形として考えなさい。

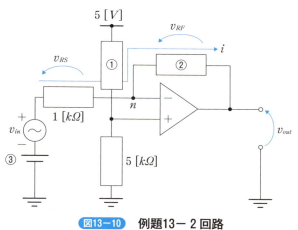

図13－10　例題13－2 回路

［解答］

●問1

①の抵抗値を決めて点 n の電圧値を 2.5 [V] に固定します。5 [V] を抵抗で半分に分圧して作ればよいので、①は 5 [kΩ] になります。また、v_{in} には直流成分がないので、③のところで直流電圧源として、2.5 [V] の電圧をかけます。②は式（13－13）から求めると、式（13－14）になります。

$$\frac{R_f}{1 \times 10^3} = \frac{5}{2 \times 0.2}$$

$$R_f = \frac{5}{0.4} \times 1 \times 10^3 = 12.5\ [k\Omega] \tag{13－14}$$

これらの数値を図13－10の回路図に当てはめると、図13－11（a）になります。

13-4 反転増幅回路

●問 2

v_{out} の波形の式を求めるために、式 (13−12) の v_{in} に $0.2 \times sin(\omega t)$、R_f に 12.5 [kΩ]、R_s に 1 [kΩ]、V_{CC} に 5 [V] をそれぞれ代入すると、式 (13−15) なります。

$$v_{out}\,[V] = -\frac{12.5 \times 10^3}{1 \times 10^3} \times 0.2 \times \sin(\omega t) + \frac{1}{2} \times 5$$

$$= -2.5 \times \sin(\omega t) + 2.5 \qquad (13-15)$$

$v_{in}\,[V] = 0.2 \times sin(\omega t)$ と (13−15) 式をグラフに表すと、図13−11 (b) になります。

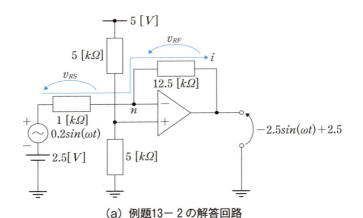

(a) 例題13−2の解答回路

(b) 入出力波形

図13−11 例題13−2の解答回路と入出力波形

問 1 の答：① 5 [kΩ]、②12.5 [kΩ]、③2.5 [V]　　問 2 の答：図13−11 (b)

13-5 非反転増幅回路

　負帰還回路の増幅回路として、非反転増幅回路を説明します。回路図は、図13-12（a）になります。反転増幅回路と同様に、この回路の v_{in} と v_{out} の関係を考えます。

　負帰還回路からバーチャルショートが成り立ちますので、点 n の電位は v_{in} [V] です。また、入力端子の入力インピーダンスが無限大と近似して、オペアンプに電流が流れ込まないとします。そうなると、図13-12（a）の矢印のように、R_s [Ω] に流れる電流と同じ量の電流が R_f [Ω] にも流れます。その電流値を i [A] とします。なお、電圧の符号上、i の電流の向きが反転増幅回路とは逆になりますので注意してください。R_s の端子電位である点 n の電位は v_{in} [V] で、別の端子の端子電位はグラウンドに接続されているので、0 [V] になります。したがって、R_s にかかる電圧から v_{in} を求めると式（13-16）になります。

$$v_{in} - 0 = R_s \times i$$
$$v_{in} = R_s \times i \tag{13-16}$$

　一方、R_f の両端の電位は v_{in} と v_{out} なので、R_f にかかる電圧から v_{out} を求めると、式（13-17）になります。

$$v_{out} - v_{in} = R_f \times i$$
$$v_{out} = R_f \times i + v_{in} \tag{13-17}$$

　式（13-16）および式（13-17）から i を消去すると、v_{in} と v_{out} の関係は式（13-18）になります。

$$v_{out} = \left(1 + \frac{R_f}{R_s}\right) \times v_{in} \tag{13-18}$$

　式（13-18）から、v_{in} がプラスに変化すると、v_{out} もプラスに変化し、波形が反転しません。このことから、図13-12（a）の回路を**非反転増幅回路**と呼んでいます。この回路の動作イメージは、図13-12（b）のような板の左端を固定して振動させたイメージです。抵抗 R_s の左端が 0 [V] で固定していて、点 n より左側の板の長さが R_s、点 n より右側の板の長さが R_f です。そうすると、点 n を v_{in} で上げ下げする形になるので、v_{in} を上げれば v_{out} が上がり、下げれば下がります。

13−5 非反転増幅回路

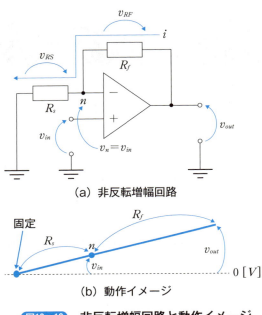

（a）非反転増幅回路

（b）動作イメージ

図13−12 非反転増幅回路と動作イメージ

[例題13−3]

図13−13の v_{in} に $sin(\omega t)\ [V]$ を入力したときの v_{out} を式で表しなさい。なお、オペアンプは2つともに *Rail to Rail* のオペアンプとし、電圧増幅度が無限大、入力抵抗が無限大に近似しているとして考えなさい。

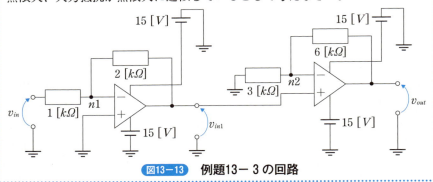

図13−13 例題13−3の回路

[解答]

図13−13の回路は、反転増幅回路（左側の回路）と非反転増幅回路（右側の回路）の2つで構成されています。したがって、8章の説明したように、2つの増

幅回路ブロックの塊（かたまり）として考えます。さらに、反転増幅回路の出力が非反転増幅回路のオペアンプの入力（入力抵抗が無限大）に直接接続されて、反転増幅回路から非反転増幅回路への電流の流れ込みがないので、別々に計算することができます。

左側の反転増幅回路での v_{in} と v_{in1} の関係を求めます。式（13－9）を用いて、式（13－19）が得られます。

$$v_{in1} = -\frac{2 \times 10^3}{1 \times 10^3} \times v_{in} = -2 \times v_{in} \tag{13－19}$$

また、右側の非反転増幅回路での v_{in1} と v_{out} の関係を求めます。式（13－18）を用いて、式（13－20）が得られます。

$$v_{out} = \left(1 + \frac{6 \times 10^3}{3 \times 10^3}\right) \times v_{in1} = 3 \times v_{in1} \tag{13－20}$$

式（13－19）および式（13－20）から v_{in} と v_{out} の関係を求め、v_{in} に $sin(\omega t)$ を代入すると答えが得られ、式（13－21）になります。

$$v_{out} = 3 \times (-2 \times v_{in}) = -6 \times v_{in} = -6 \times sin(\omega t)[V] \tag{13－21}$$

式（13－21）の v_{out} は、電源電圧の範囲（$-15[V] \sim 15[V]$）内ですので、歪みがなく出力されます。

$$\underline{答：v_{out} = -6 \times sin(\omega t)[V]}$$

13-6 ボルテージフォロア

多段結合で入力インピーダンスが低い場合、電圧増幅度が落ちます[※注]。また、センサー素子など発生する電流が非常に小さい素子があります。その電流を非常に高い抵抗に流し、電圧に変えて検出機器の入力にします。その検出機器の入力インピーダンスが低いと、その機器に電流が流れ込んでしまい、電圧が下がってしまいます。これらのような場合、ボルテージフォロアを使います。

ボルテージフォロアの回路を図13-14（a）に示します。この回路も負帰還回路なのでバーチャルショートが成り立ち、点 n の電位を v_n とすると $v_{in}=v_n$ が成り立ちます。点 n が v_{out} に直接つながっているので、$v_{in}=v_{out}$ が成り立ちます。

センサーの微小電流を電圧に変えて検出する回路構成例を図13-14（b）に示します。このような回路で検出される電圧は数 $m[V]$ 程度なので、センサーの結果をマイコンで処理したい場合、検出器でさらに増幅してマイコンの A/D 変換端子に入力する必要があります。

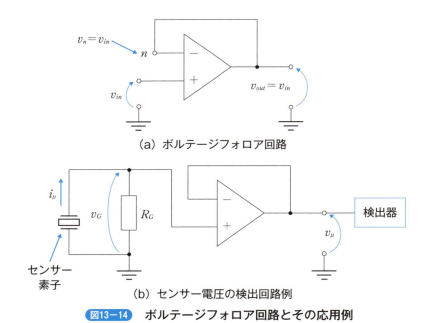

（a）ボルテージフォロア回路

（b）センサー電圧の検出回路例

図13-14　ボルテージフォロア回路とその応用例

※注：5-4節参照。

[例題13−3]

図13−14（b）の回路において、R_G が20 [$G\Omega$]、微小電流（i_μ）が3 [pA] の場合、検出器に入力される v_μ 電圧を求めなさい。なお、オペアンプおよび検出器の入力インピーダンスはともに無限大として考えなさい。

[解答]

オペアンプの入力インピーダンスが無限大なので、微小電流を i_μ は R_G に全部流れます。したがって、抵抗 R_G の電圧 v_G は、$i_\mu \times R_G$ となります。ボルテージフォロアですので、検出器に入力される電圧（v_μ）は、式（13−22）になります。

$$v_\mu = v_G = i_\mu \times R_G = 3 \times 10^{-12} \times 20 \times 10^9 = 60 \ [mV] \tag{13-22}$$

答：60 [mV]

13-7 差動増幅回路

　データ通信を行う場合、2つの信号線を使用することにより、低い電圧で高速に送ることができます。2つの信号線は近いため、ノイズが乗ったときも両方に同じノイズが乗るので、2つの信号線の電圧の差をとることで、ノイズを消去できます。このような低電圧のノイズを除去して増幅する場合に使用できるのが**差動増幅回路**です。

　図13-15が差動増幅回路です。R_1とR_2で負帰還を構成しているので、ここでも点nと点pの電位でバーチャルショートが成り立ちます。つまり、点nの電位をv_n、点pの電位をv_pとすると、$v_n=v_p$が成り立ちます。また、R_1とR_2に流れる電流をiとすると、式（13-23）になります。

$$i = \frac{v_{i-} - v_n}{R_1} = \frac{v_n - v_{out}}{R_2} \qquad (13-23)$$

　$v_n=v_p$が成り立ちますので、式（13-23）のv_nをv_pに置き換えて式を整理すると、式（13-24）になります。

$$v_{out} = v_p - \frac{R_2}{R_1}(v_{i-} - v_p)$$

$$v_{out} = \frac{R_1+R_2}{R_1} \times v_p - \frac{R_2}{R_1} \times v_{i-} \qquad (13-24)$$

　v_pはv_{i+}の電圧をR_3とR_4で分圧した値なので、v_pは式（13-25）で表せます。

$$v_p = \frac{R_4}{R_3+R_4} \times v_{i+} \qquad (13-25)$$

式（13-24）のv_pに式（13-25）を代入すると、式（13-26）になります。

$$v_{out} = \frac{R_4 \times (R_1+R_2)}{R_1 \times (R_3+R_4)} \times v_{i+} - \frac{R_2}{R_1} \times v_{i-} \qquad (13-26)$$

　式（13-26）において、$R_1=R_3$、$R_2=R_4$にすると、式（13-27）になって差動増幅が成り立ちます。

$$v_{out} = \underbrace{\frac{R_2}{R_1}}_{増幅} \times \underbrace{(v_{i+} - v_{i-})}_{差動} \qquad (13-27)$$

第13章 オペアンプの基本回路

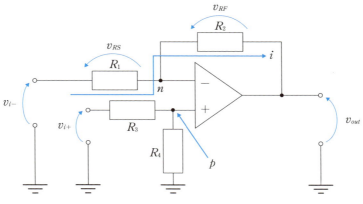

図13－15 差動増幅回路

[例題13－4]

図13－16の回路を差動増幅回路として動作させたい。①と②の抵抗値を答えなさい。また、2つの入力信号の差分が何倍に増幅するか答えなさい。

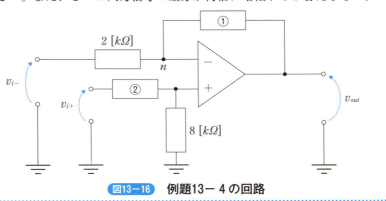

図13－16 例題13－4の回路

[解答]

図13－16において、図13－15の R_1 が 2 [$k\Omega$]、R_4 が 8 [$k\Omega$] に相当するので、R_2 に相当する①が 8 [$k\Omega$]、R_3 に相当する②が 2 [$k\Omega$] になります。また、倍率は式（13－27）により、式（13－28）になります。

$$倍率 = \frac{R_2}{R_1} = \frac{8 \times 10^3}{2 \times 10^3} = 4 \quad (13-28)$$

答：① 8 [$k\Omega$]、② 2 [$k\Omega$]、倍率 4 倍

13-8 演算回路

オペアンプは、増幅動作の他に演算動作もできます。本節では、加算回路と微分・積分回路を説明します。

図13-17に加算回路を示します。この回路も負帰還回路なので、バーチャルショートが成り立ち、点 n の電位は $0\,[V]$ になります。したがって、R_3 の電圧 v_3 は式（13-29）になります。

$$v_3 = 0 - v_{out} = i \times R_3$$
$$v_{out} = -i \times R_3 \tag{13-29}$$

また、i_1 および i_2 が R_3 に流れる電流 i になるので、式（13-30）になります。

$$i = i_1 + i_2 \tag{13-30}$$

式（13-29）の i に式（13-30）を代入すると、式（13-31）になります。

$$v_{out} = -R_3 \times (i_1 + i_2) \tag{13-31}$$

i_1 および i_2 を抵抗と電圧で表すと、それぞれ $v_{R1}/R_1 = \dfrac{v_1}{R_1}$、$v_{R2}/R_2 = \dfrac{v_2}{R_2}$ なりますので、式（13-31）が式（13-32）で表せます。

$$v_{out} = -R_3 \times \left(\dfrac{v_1}{R_1} + \dfrac{v_2}{R_2}\right) \tag{13-32}$$

$R_1 = R_2 = R$ とすると、式（13-33）になります。

$$v_{out} = -\dfrac{R_3}{R} \times (v_1 + v_2) \tag{13-33}$$

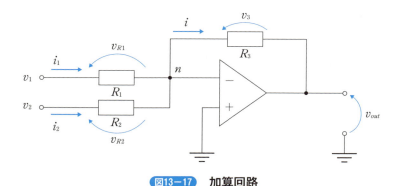

図13-17　加算回路

図13-18に微分回路を示します。微分回路には、コンデンサを使います。この

回路において、コンデンサ（静電容量：$C_F\,[F]$）に蓄えられる電荷 $Q(t)$ の変化量（微分）が電流なので、式（13-34）が成り立ちます。なお、ここでは、時間微分の計算が入りますので、各値が時間の関数かどうかを「(t)」で明示しておきます。

$$i(t) = \frac{dQ(t)}{dt} \tag{13-34}$$

ここでも、バーチャルショートが成り立ちますので、点 n の電位は $0\,[V]$ なので、$v_{in}(t) = v_{CF}(t)$ が成り立ちます。$Q(t)$ を $v_{in}(t)$ および静電容量 C_F で表すと、式（13-35）になります。

$$Q(t) = C_F \times v_{in}(t) \tag{13-35}$$

式（13-35）を t で微分し、式（13-34）に代入すると、式（13-36）になります。

$$i(t) = C_F \times \frac{dv_{in}(t)}{dt} \tag{13-36}$$

一方、バーチャルショートから $v_{out}(t) = -v_{RF}(t)$ が成り立ちますので、$v_{out}(t)$ を R_f と $i(t)$ で表し、$i(t)$ を式（13-36）に置き換えると、式（13-37）になります。

$$v_{out}(t) = -R_f \times i(t) = -C_F \times R_f \times \frac{dv_{in}(t)}{dt} \tag{13-37}$$

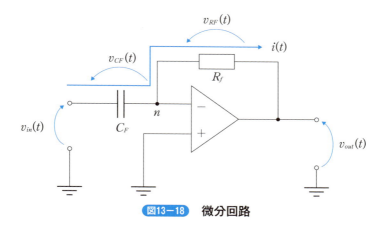

図13-18 微分回路

図13-18の回路を使うときには、注意が必要です。例えば、この微分回路を使って、三角波を矩形波にできますが、図13-19（a）のように、入力信号の尖ったところ（高周波成分を多く持つところ）の出力は、ノイズが乗ってしまいます。そこで、図13-19（b）のように コンデンサと直列に抵抗 R_s を挿入し、R_s

と C_F の直列接続を使ってノイズを除去できます。ノイズ除去を説明するために、ベクトル図を用います。直列接続の合成インピーダンスのベクトル図を図13－19（c）に示します。虚数部と実数部の成分が同じになる周波数は、抵抗のインピーダンスの大きさ R_s とコンデンサのインピーダンスの大きさ $|-1/2\pi fC_F|$ が同じ値のときの周波数なので、式（13－38）になります。

$$R_s = \left| -\frac{1}{2\pi fC_F} \right|$$

$$f = \frac{1}{2\pi C_F R_S} \tag{13-38}$$

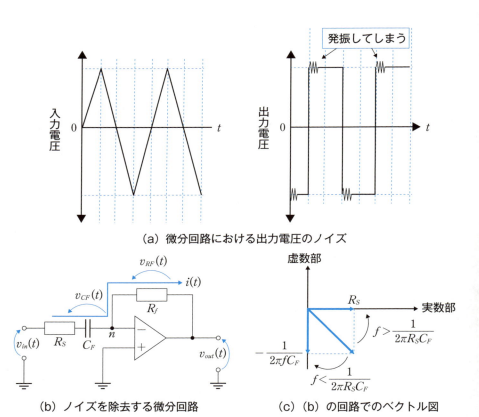

(a) 微分回路における出力電圧のノイズ

(b) ノイズを除去する微分回路

(c) (b) の回路でのベクトル図

図13－19 微分回路の改良

信号の周波数成分が式（13－38）の値より高いと、コンデンサのインピーダンス（虚数成分）が小さくなり、図13－19（c）のベクトル図は R_s に近づいていき

ます。つまり、反転増幅回路になって、R_f/R_s を小さくすればこの成分を除去できます。したがって、ノイズが除去できます。信号の周波数成分が式（13-38）の値より低いと、虚数成分が大きくなるので、コンデンサに近づき微分回路になります。したがって、周波数の低い成分は微分されます。

図13-20に積分回路を示します。ここでも、時間積分の計算が入りますので、各値が時間の関数かどうかを「(t)」で明示しておきます。この回路でもバーチャルショートが成り立つので、点 n の電位は $0[V]$ になります。したがって、R_s にかかる電圧は $v_{in}(t)$ となり、$i(t)$ は式（13-39）になります。

$$i(t) = \frac{v_{RS}(t)}{R_S} = \frac{v_{in}(t)}{R_s} \tag{13-39}$$

先ほどの電流 $i(t)$ と電荷 $Q(t)$ の関係の逆で、電流の積分が電荷になります。その電流を式（13-39）で表すと、式（13-40）が成り立ちます。

$$Q(t) = \int i(t)dt = \frac{1}{R_s}\int v_{in}(t)dt \tag{13-40}$$

一方、出力電圧 $v_{out}(t)$ と $v_C(t)$ にもバーチャルショートが成り立ち、$v_{out}(t) = -v_C(t)$ が成り立ちます。したがって、$Q(t)$、$v_{out}(t)$、および C_F の間に式（13-41）が成り立ちます。

$$Q(t) = -C_F \times v_{out}(t) \tag{13-41}$$

式（13-40）および式（13-41）から、式（13-42）を導くことができます。

$$v_{out}(t) = -\frac{1}{C_F \times R_s}\int v_{in}(t)dt \tag{13-42}$$

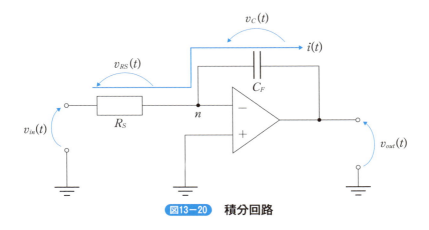

図13-20 積分回路

[例題13－5]

図13－21（a）の積分回路において、図13－21（b）の定常波を入力電圧で与えたときに、出力電圧が $0\,[V]$ から始まって $-15\,[V]$ になる時刻を求めなさい。なお、オペアンプは Rail to Rail のオペアンプとする。

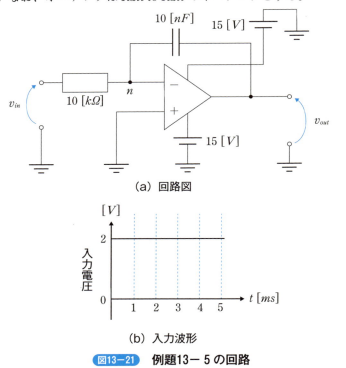

(a) 回路図

(b) 入力波形

図13－21 例題13－5の回路

[解答]

式（13－42）の $C_F=10\,[nF]$、$R_s=10\,[kΩ]$、$v_{in}(t)=2\,[V]$ をそれぞれ代入して、積分の計算を行います。求める時刻を $T\,[s]$ とすると、積分区間は $0\,[s]$～$T\,[s]$ となるので、積分結果は式（13－43）になります。

$$v_{out}(t) = -\frac{1}{10\times 10^{-9}\times 10\times 10^3}\int_0^T 2\,dt = -\frac{1}{1\times 10^{-4}}[2t]_0^T$$

$$= -\frac{2T}{1\times 10^{-4}} \qquad (13-43)$$

式（13－43）の $v_{out}(t)$ に $-15\,[V]$ を代入して T を求めると、式（13－44）になります。

$$-15 = -\frac{2T}{1 \times 10^{-4}}$$

$$T = \frac{15 \times 10^{-4}}{2} = 0.75 \times 10^{-3} = 0.75\ [ms] \qquad (13-44)$$

答：$\underline{0.75\ [ms]}$

第14章
MOSトランジスタの基本回路

　今まで説明してきたトランジスタはバイポーラトランジスタといって、電気の運び役が電子とホールの2つ（バイは「2」の意味）でした。一方、ユニポーラトランジスタという素子もあって、電気の運び役が電子またはホールの1つ（ユニは「1」の意味）のトランジスタのことをいいます。ユニポーラトランジスタでは、MOSという素子がよく知られています。MOSは、コンピュータや携帯電話などの低消費電力なデジタル機器で使われています。本章では、ユニポーラトランジスタとしてのMOSに注目して、その特性や動作について説明します。

14-1 MOSの構造

前章までのバイポーラトランジスタは、ベース電流を流すことによりコレクタ電流を制御するのですが、MOSに代表されるユニポーラトランジスタは、ゲート電圧をかけることによりドレイン電流を制御します。この電圧で電流を制御することを、MOSの構造を用いて説明します。

MOSという名称はその構造に由来していて、図14-1 (a) のように伝導物（鉄などの伝導体）、絶縁物（酸化物などの誘電体）、およびシリコン半導体でできているので、その英語名称の頭文字をとってMOSと呼ばれています。これらの物質で、図14-1 (a) のような構造を作ります。

その物質に、図14-1 (b) のように伝導物質にプラス、半導体にマイナス電極をつなげて、V_1の電圧をかけます。そうすると、伝導物質にはプラスの電荷が絶縁体境界に現れ、それと同程度のマイナス電荷（電子）が半導体側に誘導されます。この半導体と絶縁体の境界に自由電子が作る電子の道（チャネル）ができます。このチャネルに図14-1 (c) のようにV_2の電圧をかけます。その場合、電流は右から左流れます。この電流の量は、V_1の電圧を調節することによって制御できます。

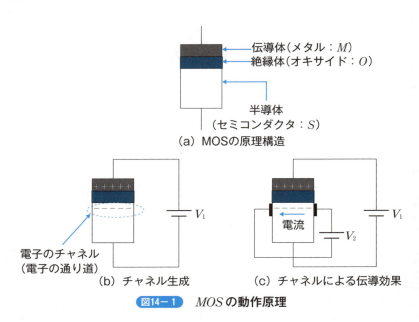

図14-1　*MOS*の動作原理

実際の MOS は、図14−2（a）のように平面実装で作られます。MOS には、$nMOS$ と $pMOS$ があります。図14−2（a）は、$nMOS$ です。$pMOS$ は $nMOS$ の n 形半導体と p 形半導体を入れ替えた形になります。バイポーラトランジスタの npn 形と pnp 形の関係と似ていて、特性も逆になります。一番下に半導体があって、その上に絶縁体（誘電体）、さらにその上に伝導体が積層されています。伝導体に接続されている端子がゲート（G）と呼ばれています。半導体基板に電流を流すための端子として、電気が通りやすい特殊な n 形半導体を作り、そこに端子を接続します。これら2つの端子をソース（S）とドレイン（D）と呼びます。$nMOS$ の場合は、グラウンドに近い端子とソースを接続し、電源電圧に近い端子とドレインを接続して、ドレインからソースに電流が流れるように接続します。$pMOS$ の場合は、その逆の接続になります。

　図14−2（a）において、伝導体＋絶縁体の下の部分で、n^+ 半導体との間がチャネルになります。その長さをチャネル長（L）といいます。また、MOS トランジスタの奥行に相当する長さをチャネル幅（W）といいます。チャネル長を長くすると、ドレイン−ソース間に流れる電流が少なくなります。なぜなら、距離が長くなった分、同じ電圧では、電子が移動しにくくなるからです。逆に、W を長くすると、ドレイン−ソース間に流れる電流が多くなります。なぜなら、奥行きを広くとった分、電子の移動する場所が増えるので、同じ電圧でもたくさんの電子が移動します。このような関係から、W/L という値は、ドレイン−ソース間を流れる電流や増幅度の計算に必要になります。

　本書で使う回路図記号を図14−2（b）に示します[注]。MOS には、$nMOS$・$pMOS$ の分類の他に、エンハンスメント型とディプレッション型があります。本書では、エンハンスメント型しか扱わないので、エンハンスメント型の記号になります。さらに、SB 端子とソースとを直接つなげて使うことを考えていますので、本書で使う回路図記号では SB を省略し、矢印をソース端子につけます。矢印の向きは、電流の流れる向きです。

※注：新 JIS 記号は付録 D を参照。

14-1 MOSの構造

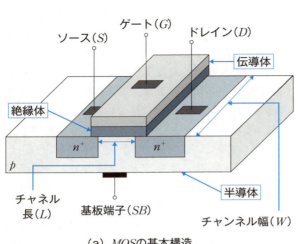

(a) MOSの基本構造

(b) MOSの回路図記号
（エンハンストメント型）

図14-2 MOS（nMOS）の構造と回路図記号

14-2 MOSの特性

　エンハンスメント型nMOSの定性的な説明をします。図にはしていませんが、V_{GS}（ゲートとソースとの間の電圧）が$0[V]$以下のときは、チャネルに電流を流す自由電子が存在しないので、I_D（ドレインからソースに流れる電流）は流れません。なお、電流を流す主体を「キャリア」と呼んでいて、nMOSの場合のキャリアは電子、pMOSの場合はホールです。nMOS・pMOSのn・pは、このキャリアの性質（n＝ネガティブ＝電子、p＝ポジティブ＝ホール）を表しています。図14-3（a）のようにV_{GS}を0より大きく、V_{TH}より小さくします（V_{TH}は後で説明します）。その場合、正電荷がゲートに帯電し、それによって基板上に（正電荷と同じ量の）負の電荷が誘導されます。前節では、電子が引きつけられてそれがチャネルを形成すると説明しましたが、ここではチャネル形成過程で別の現象が起こります。つまり、ゲートの正電荷がp型半導体基板のホールを追い払い、そこにはマイナスイオンが誘導されるとともに、空乏層が形成されます。マイナスイオンはキャリアではないので、チャネルは存在しません。したがって、ドレインからソースへ電流は流れません。この状態を「オフ状態（または、カットオフ状態）」と呼びます[※注]。

　V_{GS}をV_{TH}より大きくします。その場合、図14-3（b）のように自由電子がゲートの下に誘導され、チャネルが形成されます。この状態を「オン状態」と呼びます。チャネルが形成し始めるゲート電圧を「スレッショルド電圧」といい、V_{TH}と表記します。V_{TH}の実際の値としては、$5[V]$の直流電圧電源で使うMOSの場合、だいたい$300[mV]$から$1[V]$程度です。チャネルが形成されれば、V_{DS}（ドレインとソースとの間の電圧）をかけると、自由電子はソースから供給され、電流が流れます。一方、ゲートには（高周波以外の）電流が一切流れません。ゲートは酸化物（絶縁体＝誘電体）の上にあるので、他の端子とは絶縁されていて、ゲート端子はコンデンサにつながっていることと等価になります。

※注：V_{GS}が$0[V]$以下の状態も含める。

14-2 MOSの特性

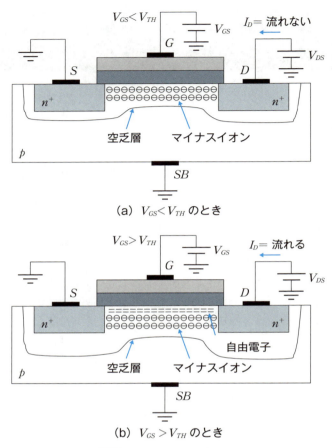

(a) $V_{GS} < V_{TH}$ のとき

(b) $V_{GS} > V_{TH}$ のとき

図14-3 $nMOS$の電流制御動作

　$nMOS$の特性を定量的に説明します。$nMOS$にも、バイポーラトランジスタの$V_{CE}-I_C$特性と同じような特性があり、図14-4（a）に示す$V_{DS}-I_D$特性があります。ただ、$V_{CE}-I_C$特性では、$V_{CE}-I_C$特性の無数の特性曲線の中から1つの曲線が、ベース電流によって決定されますが、$V_{DS}-I_D$特性では、$V_{DS}-I_D$特性の無数の特性曲線の中から1つの曲線が、ゲート電圧（V_{GS}）によって決定されます。

　この$V_{DS}-I_D$特性は、V_{DS}とI_Dの関係から主に3つ領域に分けられます。1つ目はV_{DS}がどんなにあってもI_Dが0[A]の状態である「オフ領域」、2つ目はI_DはV_{DS}の2乗に比例し、近似すると線形になる「線形領域」（図14-4（b）の点線より左側の領域）、3つ目はI_DはV_{DS}に関係なく、ほぼ一定である「飽和領

域」（図14－4（b）の点線より右側の領域）です。

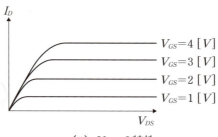

(a) $V_{DS}-I_D$ 特性

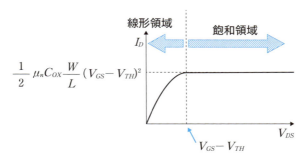

(b) 線形・飽和領域

図14－4 $nMOS$ の特性（エンハンスメント型）

線形領域での I_D を式で表すと、式（14－1）になります。

$$I_D = \frac{1}{2}\mu_n C_{ox}\frac{W}{L}\{2(V_{GS}-V_{TH})V_{DS}-V_{DS}^2\} \qquad (14-1)$$

ここで、μ_n は電子（キャリア）の移動度、C_{ox} はゲート下にある酸化物の単位面積当たりの電気容量、W は図14－2（a）に示すチャネル幅、L は図14－2（a）に示すチャネル長です。また、MOS をスイッチとして用いる場合、V_{DS} が 0 [V] に近く、電圧変動が微小なので、線形近似でき、式（14－2）で表されることもあります。

$$I_D = \mu_n C_{ox}\frac{W}{L}(V_{GS}-V_{TH})V_{DS} \qquad (14-2)$$

このときの抵抗換算値をオン抵抗（R_{ON}）といい、式（14－3）で表します。

14-2 MOSの特性

$$R_{ON} = \frac{1}{\mu_n C_{ox} \dfrac{W}{L}(V_{GS}-V_{TH})} \qquad (14-3)$$

$V_{DS}=V_{GS}-V_{TH}$ のところが、線形領域と飽和領域の境界になります。この電圧をオーバードライブ電圧（または、ピンチオフ電圧）と呼んでいます。領域が連続していますので、式（14-1）の V_{DS} に $V_{GS}-V_{TH}$ を代入することにより、飽和領域の一定電圧が求められ、式（14-4）になります。このときは直流電流源として働き、その電流値は V_{GS} によって制御できます。

$$I_D = \frac{1}{2}\mu_n C_{ox}\frac{W}{L}(V_{GS}-V_{TH})^2 \qquad (14-4)$$

なお、厳密にいうと、飽和領域の I_D は少し右肩上がりに上がっています。このことをチャネル長変調と呼んでいます。本書では、チャネル長変調を等価回路のときに考慮します。

[例題14-1]
$W/L=50$、$\mu_n C_{OX}=100\ [\mu A/V^2]$、$V_{GS}=1\ [V]$、$V_{TH}=0.5\ [V]$ のときの $nMOS$ の R_{ON} を求めなさい。

[解答]
式（14-3）に上記の値を代入すると、式（14-5）になります。

$$R_{ON} = \frac{1}{100\times 10^{-6}\times 50\times(1-0.5)} = 400\ [\Omega] \qquad (14-5)$$

答：$R_{ON}=400\ [\Omega]$

14-3 MOSを用いた増幅回路

$nMOS$ の使った基本的な増幅回路を図14-5(a)に示します。MOS でもグラフを使用した回路解析が可能ですが、前節で数式化がされているので、数式を用いて解析します。つまり、数式（と近似）を用いて電圧増幅度を求めます[※注]。

図14-5(b)に示すように直流電圧源のみを考えたときの回路を用いて、動作点を求めます。信号増幅の場合、動作点を飽和領域に設定しなければなりません。したがって、図14-5(b)の I_{D-sat} は、飽和領域での I_D の式である式（14-4）を用いて、式（14-6）より求められます。

$$I_{D-sat} = \frac{1}{2}\mu_n C_{ox} \frac{W}{L}(V_B - V_{TH})^2 \qquad (14-6)$$

また、V_{CC}、V_{RD} および V_{DS} の間の KVL より、式（14-7）が求められます。

$$V_{DS} = V_{CC} - R_D \times I_{D-sat} \qquad (14-7)$$

式（14-7）の I_{D-sat} に式（14-6）を代入すると、V_{DS} が式（14-8）になります。

$$V_{DS} = V_{CC} - \frac{1}{2}\mu_n C_{ox} R_D \frac{W}{L}(V_B - V_{TH})^2 \qquad (14-8)$$

なお、式（14-8）で求める V_{DS} は飽和領域内にあるので、$V_{DS} > (V_B - V_{TH})$ が成り立つ必要があります。したがって、V_{CC} や R_D の値を変えて、V_{DS} を調整する必要があります。

図14-5(c)のように交流電圧源のみ考えて、電圧増幅度である $|v_{out}/v_{in}|$ を求めます。v_{out} は R_D にかかる電圧にマイナスをつけて（電流方向が逆なので）、式（14-9）になります。

$$v_{out} = -R_D \times i_D \qquad (14-9)$$

i_D は、V_B を中心に v_{in} が微小に変化したときの I_D の微小変化量です。微小変化量を微分で考えると、式（14-10）が成り立ちます。

$$i_D \fallingdotseq \frac{\partial I_D}{\partial V_{GS}} \times \partial V_{GS} = \underbrace{\mu_n C_{ox} \frac{W}{L}(V_B - V_{TH})}_{\text{式（14-4）の } V_{GS}=V_B \text{ のときの微分値}} \times \underbrace{v_{in}}_{V_{GS} \text{ の微少変化}} \qquad (14-10)$$

※注：求め方は、7章と同じような手順で行う。つまり、重ね合わせの理にもとづき、直流と交流を別々に解析する。

14–3 MOSを用いた増幅回路

式（14−9）に式（14−10）を代入して電圧増幅度 $|v_{out}/v_{in}|$ を求めると、式（14−11）になります。

$$v_{out} = -R_D \times \mu_n C_{ox} \frac{W}{L}(V_B - V_{TH}) \times v_{in}$$

$$\left|\frac{v_{out}}{v_{in}}\right| = \left|-R_D \times \mu_n C_{ox} \frac{W}{L}(V_B - V_{TH})\right| = R_D \times \mu_n C_{ox} \frac{W}{L}(V_B - V_{TH})$$

(14−11)

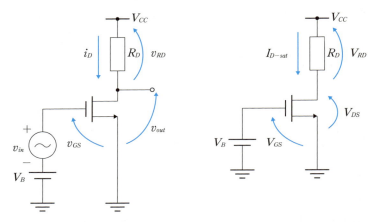

(a) 基本回路　　(b) 直流のみ考慮した回路

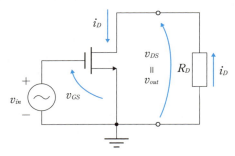

(c) 交流のみ考慮した回路

図14−5　$nMOS$ を用いた基本増幅回路

[例題14−2]

図14−5（a）の $nMOS$ の増幅回路において、$V_{CC}=6\,[V]$、$W/L=50$、$\mu_n C_{ox}=50\,[\mu A/V^2]$、$V_B=0.8\,[V]$、$V_{TH}=0.3\,[V]$ と具体的な数値を入れて考えたい。以下の値を求めなさい。

問1　動作点の V_{DS} が $2\,[V]$ となる R_D
問2　問1の動作点での電圧増幅度

[解答]

●問1

図14−5（b）のように直流電圧源のみ考えると、I_{D-sat} は式（14−6）に上記の数値を当てはめて、式（14−12）になります。

$$I_{D-sat}=\frac{1}{2}\times 50\times 10^{-6}\times 50\times (0.8-0.3)^2=312.5\,[\mu A] \quad (14-12)$$

式（14−7）に、式（14−12）の $I_{D-sat}=312.5\,[\mu A]$、$V_{DS}=2\,[V]$、$V_{CC}=6\,[V]$ をそれぞれ代入して R_D を求めると、式（14−13）になります。

$$R_D==\frac{V_{CC}-V_{DS}}{I_{D-sat}}=\frac{6-2}{312.5\times 10^{-6}}=12.8\,[k\Omega] \quad (14-13)$$

●問2

図14−5（c）のように交流電圧源のみ考えます。電圧増幅度 $|v_{out}/v_{in}|$ は、問題で与えられた数値と問1で求めた R_D を式（14−11）に代入して、式（14−14）になります。

$$\left|\frac{v_{out}}{v_{in}}\right|=12.8\times 10^3\times 50\times 10^{-6}\times 50\times (0.8-0.3)=16 \quad (14-14)$$

答：問1　$R_D=12.8\,[k\Omega]$、問2　電圧増幅度 $|v_{out}/v_{in}|=16$

14-4 等価回路を用いた増幅回路解析

　MOSの増幅回路でも等価回路を用いて、回路を解析します。MOSの等価回路はhパラメータ等価回路ではなく、図14-6に示す等価回路になります。図14-6（a）はI_Dが一定のときの等価回路です。図14-6（b）はチャネル長変調を考慮した等価回路です。チャネル長変調では、電流―電圧特性で右肩上がりの直線の傾きが抵抗に相当します。その抵抗が並列に接続されることになります。

　図14-6のゲート端子のところを注目してください。14-1節で説明したとおりMOSはコンデンサと同じ構造をしています。コンデンサのインピーダンスは非常に高く、高周波でないと電流は流れません。したがって、ゲート電流は流れないと近似して、なにも接続していません。

　図14-6の電流源は、ドレイン電流（i_D）に相当します。前節でも説明したようにi_Dはv_{in}に比例して、v_{in}は図14-6の中のv_{GS}に相当します。式（14-10）が示す比例関係の中で、g_mは式（14-15）に相当します。g_mを**相互コンダクタンス**といいます。なお、式（14-15）のV_{GS}はゲート電圧の直流分です（つまり、動作点のベース電圧です）。

$$g_m = \mu_n C_{ox} \frac{W}{L}(V_{GS}-V_{TH}) \tag{14-15}$$

　g_mは、式（14-15）の他に2つの表し方があります。1つ目の式は、式（14-4）から$(V_{GS}-V_{TH})$を$\mu_n C_{ox} W/L$とI_Dで表し、式（14-15）に代入すると、式（14-16）になります。

$$g_m = \sqrt{2\mu_n C_{ox} \frac{W}{L} I_D} \tag{14-16}$$

　2つ目の式は、式（14-4）から$\mu_n C_{ox} W/L$を$(V_{GS}-V_{TH})$とI_Dで表し、式（14-16）に代入すると、式（14-17）になります。

$$g_m = \frac{2I_D}{V_{GS}-V_{TH}} \tag{14-17}$$

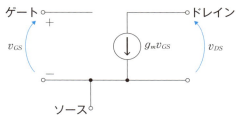

（a）飽和領域での I_D が一定

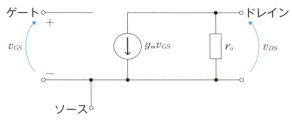

（b）飽和領域での I_D が少しずつ増加

図14－6　$nMOS$ の等価回路表現

　MOS の増幅回路も 3 つの接地回路に分類されます。エミッタ接地回路に相当するソース接地回路、ベース接地回路に相当するゲート接地回路、コレクタ接地回路に相当するソースフォロアー（ドレイン接地回路）です。それぞれの回路の等価回路解析（交流解析のみ）について説明します。

　図14－7（a）にソース接地回路の基本形を示します。これは、図14－5（a）の回路です。図14－5ではチャネル長変調を考慮していませんでしたが、チャネル長変調を考慮し、図14－6（b）の等価回路を適用すると、図14－7（b）になります。

14-4 等価回路を用いた増幅回路解析

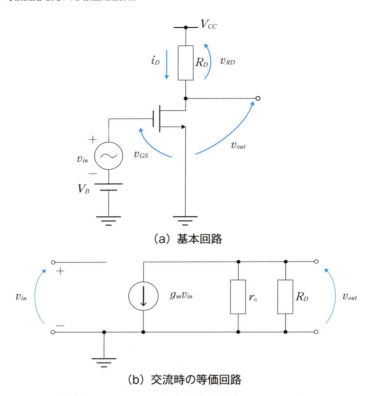

(a) 基本回路

(b) 交流時の等価回路

図14-7 ソース接地回路の基本回路とその等価回路

図14-7 (b) の回路の電圧増幅度 $|v_{out}/v_{in}|$ を求めます。v_{out} は、r_o と R_D の並列接続の合成抵抗に $g_m \times v_{in}$ の電流が v_{out} の正の電圧の向きと逆向きにながれているので、v_{out} は式 (14-18) になります。

$$v_{out} = -g_m v_{in} \times (r_o // R_D) \tag{14-18}$$

（なお、$r_o // R_D = \dfrac{r_o \times R_D}{r_o + R_D}$ で、r_o と R_D の並列接続の合成抵抗値）

したがって、式 (14-18) から $|v_{out}/v_{in}|$ が求められ、式 (14-19) になります。

$$\left| \frac{v_{out}}{v_{in}} \right| = g_m \times (r_o // R_D) \tag{14-19}$$

なお、入力インピーダンスは無限大、出力インピーダンスは $r_o // R_D$ になります。

[例題14−3]

図14−7(b)の $nMOS$ の増幅回路において、$W/L=25$、$\mu_n C_{OX}=50\ [\mu A/V^2]$、$V_B=0.8\ [V]$、$V_{TH}=0.3\ [V]$、$R_D=12.8\ [k\Omega]$、$r_o=20\ [k\Omega]$ のときの電圧増幅度を求めなさい。

[解答]

g_m を式(14−15)から求めると、式(14−20)になります。

$$g_m = 50 \times 10^{-6} \times 25 \times (0.8-0.3) = 625\ [\mu S] \qquad (14-20)$$

また、r_o と R_D の並列接続の合成抵抗を求めると、式(14−21)になります。

$$r_o // R_D = \frac{r_o \times R_D}{r_o + R_D} = \frac{20 \times 10^3 \times 12.8 \times 10^3}{20 \times 10^3 + 12.8 \times 10^3} \fallingdotseq 7.8\ [k\Omega] \qquad (14-21)$$

式(14−20)および式(14−21)の値を式(14−19)に代入すると、電圧増幅度が式(14−22)のように求められます。

$$\left|\frac{v_{out}}{v_{in}}\right| = g_m \times (r_o // R_D) = 625 \times 10^{-6} \times 7.8 \times 10^3 = 4.875 \qquad (14-22)$$

答:電圧増幅度 $=4.875$

図14−8(a)にゲート接地回路の基本回路を示します。この回路はバイポーラトランジスタでのベース接地回路に相当して、入力電圧 v_{in} が微小増加(∂v)した場合、$nMOS$ の v_{GS} が同じ量だけ減少します。それによりドレイン電流も $g_m \partial v$ だけ減少し、v_{out} は $g_m \partial v R_D$ だけ上昇します。したがって、電圧増幅度は $g_m R_D$ になります。図14−8(b)のように等価回路を用いて電圧増幅度を求めます。なお、図14−8(b)ではチャネル長変調を考慮していません。

● 14-4 等価回路を用いた増幅回路解析

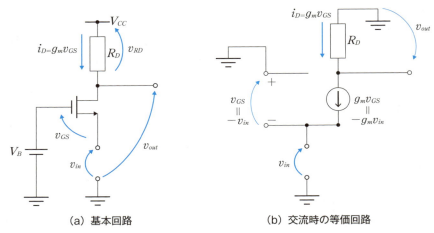

(a) 基本回路　　　　　(b) 交流時の等価回路

図14-8　ゲート接地回路の基本回路とその等価回路

図14-8 (b) で、ソース接地回路のときと同様に v_{out} の式を求めると、式 (14-23) になります。

$$v_{out} = -g_m v_{GS} \times R_D \qquad (14-23)$$

図14-8 (b) の回路の左側の電圧とグラウンドの関係から $v_{GS} = -v_{in}$ になるので、式 (14-23) に $v_{GS} = -v_{in}$ を代入して電圧増幅度を求めると、式 (14-24) になります。

$$v_{out} = -g_m \times (-v_{in}) \times R_D = g_m \times v_{in} \times R_D$$

$$\left| \frac{v_{out}}{v_{in}} \right| = g_m \times R_D \qquad (14-24)$$

入出力インピーダンスについて簡単に説明します。入力インピーダンスを入力電圧/入力電流で考えるとき、入力電流は $g_m v_{in}$ なので、入力インピーダンスは $1/g_m$ となります。また、出力抵抗は R_D です。

[例題14-4]

図14-8 (a) の $nMOS$ のゲート接地回路において、$I_D = 0.5\,[mA]$、$W/L = 25$、$\mu_n C_{OX} = 200\,[\mu A/V^2]$、$V_{CC} = 3.3\,[V]$、$V_{TH} = 0.5\,[V]$ のとき、飽和領域で V_{DS} が最小になるような R_D を求めなさい。また、そのときの電圧増幅度も求めなさい。

[解答]

図14-4 (b) より、飽和領域内の最小値の V_{DS} は線形領域との境界値なの

で、V_{DS} の最小値（V_{DS-min}）は $(V_{GS}-V_{TH})$ になります。飽和領域での I_D の式である式（14－4）に、上記の値を代入して $(V_{GS}-V_{TH})$ を求めると、式（14－25）になります。

$$0.5 \times 10^{-3} = \frac{1}{2} \times 200 \times 10^{-6} \times 25 \times (V_{GS}-V_{TH})^2$$

$$(V_{GS}-V_{TH}) = \sqrt{\frac{2 \times 0.5 \times 10^{-3}}{200 \times 10^{-6} \times 25}} \fallingdotseq 0.447\ [V] \tag{14－25}$$

V_{CC}、$V_{DS-min}=(V_{GS}-V_{TH})$、$V_{RD}$ との間で KVL を適用して R_D を求めると、式（14－26）になります。

$$V_{CC} = R_D \times I_D + (V_{GS}-V_{TH})$$

$$R_D = \frac{V_{CC}-(V_{GS}-V_{TH})}{I_D} = \frac{3.3-0.447}{0.5 \times 10^{-3}} \fallingdotseq 5.7\ [k\varOmega] \tag{14－26}$$

電圧増幅度は式（14－24）を使用して求めますが、g_m は式（14－17）を使用します。したがって、電圧増幅度は式（14－27）になります。

$$\left|\frac{v_{out}}{v_{in}}\right| = g_m \times R_D = \frac{2I_D}{V_{GS}-V_{TH}} \times R_D$$

$$= \frac{2 \times 0.5 \times 10^{-3}}{0.447} \times 5.7 \times 10^3 \fallingdotseq 12.75 \tag{14－27}$$

<u>答：$R_D=5.7\ [k\varOmega]$、電圧増幅度 $=12.75$</u>

図14－9（a）にソースフォロア回路の基本回路を示します。この回路はバイポーラトランジスタのコレクタ接地回路に相当して、入力電圧 v_{in} が微小増加（∂v_{in}）した場合、ゲート電圧が微小増加（∂v_{GS}）します。そうすると、$i_D(=g_m v_{GS})$ が $g_m \partial v_{GS}$ だけ増加し、R_L に流れ込み、v_{out} は $g_m \partial v_{GS} R_L$ だけ増加します。その結果をまとめると、「入力電圧 v_{in} が増加すれば v_{out} も増加し v_{in} を追随（フォロー）する」となります。

● 14-4 等価回路を用いた増幅回路解析

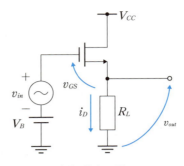

(a) 基本回路

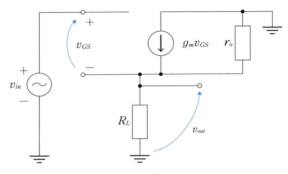

(b) 交流時等価回路

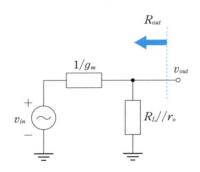

(c) 出力抵抗

図14-9 ソースフォロア回路の基本回路と等価回路

　図14-9 (b) を用いて、電圧増幅度を求めます。なお、図14-9 (b) の回路はチャネル長変調を考慮しています。
　まず、v_{out} を R_L にかかる電圧として考えて求めます。図14-9 (b) の「r_o に接続されているグラウンド」と「R_L に接続されているグラウンド」を接続して

考えると、r_o と R_L の並列接続に $g_m v_{GS}$ という電流が流れていると考えることができます。したがって、v_{out} は式（14－28）になります。

$$v_{out} = g_m v_{GS} \times (r_o // R_L) \tag{14-28}$$

（なお、$r_o // R_L$ は、r_o と R_L の並列接続の合成抵抗値）

v_{in} は、図14－9（b）からわかるように、v_{GS} と v_{out} との足し算でも求められるので、式（14－29）になります。

$$v_{in} = v_{GS} + v_{out} \tag{14-29}$$

式（14－29）を $v_{GS} = v_{in} - v_{out}$ に変形して、式（14－28）に代入します。その式から電圧増幅度を求めると、式（14－30）になります。

$$\left| \frac{v_{out}}{v_{in}} \right| = \frac{v_{out}}{v_{in}} = \frac{(r_o // R_L)}{\frac{1}{g_m} + (r_o // R_L)} \tag{14-30}$$

式（14－30）からわかるように、電圧増幅度は、1より小さい値になります[※注]。

ソースフォロア回路は、入出力インピーダンスが重要です。なぜなら、この回路はバッファ（インピーダンス変換）回路で用いられるからです。入力インピーダンスは、図14－9（b）の入力側には、（ソース接地回路と同じく）電流が流れないので無限大です。出力インピーダンスは、式（14－30）の形から考えます。この式の形は、分圧の法則と同じです。したがって、図14－9（c）の回路と等価になります。この回路の v_{out} から左側の出力インピーダンス R_{out} は、図14－9（c）の回路で v_{in} を短絡除去したときの合成抵抗になり、式（14－31）になります。

$$R_{out} = \frac{1}{g_m} // r_o // R_L \tag{14-31}$$

（なお、$\frac{1}{g_m} // r_o // R_L$ は、$\frac{1}{g_m}$ と r_o と R_L の並列接続の合成抵抗値）

※注：$1/g_m$ が $(r_o // R_L)$ より小さいので、1に近い値となる。

14−5 MOSの論理回路動作

バイポーラトランジスタと同様に、MOS にもスイッチング動作が可能です。さらに、MOS の場合は、$nMOS$ と $pMOS$ とがお互い補いながら動作する**相補系論理回路**を形成します。携帯電話などのデジタル家電でよく使用される $CMOS$ の「C」は、「$Complementary$（相補的）」という単語の頭文字です。

今までは $pMOS$ を使ってこなかったので、$nMOS$ の特性と合わせて $pMOS$ の特性を説明します。図14−10のグラフが $nMOS$ と $pMOS$ の特性グラフです。前述のとおり、$nMOS$ と $pMOS$ の特性が逆になります。つまり、図14−10で V_{GSP} がマイナスのときに、I_{DP} がソースからドレインの方向へ（$nMOS$ とは逆向きに）流れます。

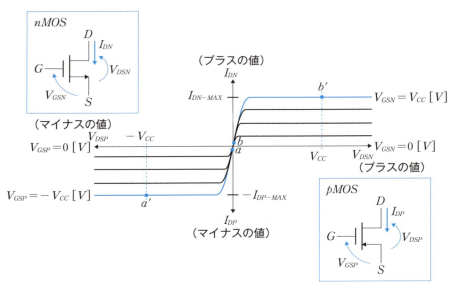

図14−10 $nMOS \cdot pMOS$ の特性グラフ

このような $nMOS \cdot pMOS$ の特性を、論理回路動作にどう結び付けていくのかを図14−11の NOT 回路を用いて説明します。ここで注目する点は2つあります。$nMOS$ と $pMOS$ との接続方法と、出力端子に生じてしまう寄生容量です。

NOT 回路に代表される「相補系論理回路」では、図14−11（a）のように

第14章　MOSトランジスタの基本回路

$pMOS$ のソース端子を電源に $nMOS$ のソース端子をグラウンドに接続し、$pMOS$ と $nMOS$ のドレイン端子同志をつなぎます。そうすることにより、相対的に $pMOS$ の V_{GSP} がマイナスになります。また、$pMOS$ を逆さにつけている形になるので、そこに流れる電流は上から下に流れ、電圧は上の方が高くなります。

出力端子には、図14-11（a）の C_P のような寄生容量が生じます。この寄生容量に充放電することにより、出力端子の電圧が決定されます。また、この寄生容量への充放電が $CMOS$ 回路の消費電力の大部分を占めます。

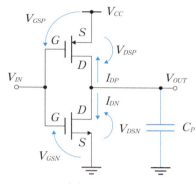

（a）NOT 回路

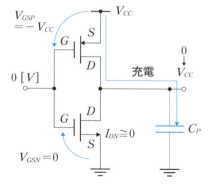

（b）V_{IN} が「0」のときの動作

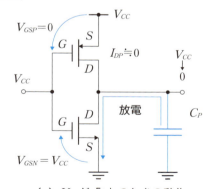

（c）V_{IN} が「1」のときの動作

図14-11　NOT 回路とその動作

$nMOS \cdot pMOS$ の接続関係と寄生容量を注目した上で、NOT 回路の動作を説明します。入力 $V_{IN} = V_{GSN}$ が $0 [V]$ のとき（つまり、論理的には「0」のとき）の動作を図14-11（b）に示します。ここでは、$pMOS$ の動きに注目します。V_{IN} が $0[V]$ ということなので、V_{GSP} は $-V_{CC}[V]$（$0 - V_{CC} = -V_{CC}$）になります

245

14-5 MOSの論理回路動作

（電圧の向きに注意してください）。V_{GSP} が $-V_{CC}[V]$ のとき、図14-10の特性グラフにおいて、一番下の水色の特性グラフが選ばれます。定常的には、その水色の特性グラフ上の点 a が V_{DSP} と I_{DP} の値（両方ともほぼ 0）になります。

なぜそうなるかを説明します。まず前提として、V_{GSN} が $0[V]$ なので、nMOS の I_{DN} はほぼ $0[A]$ ということを理解してください。また、V_{OUT} も最初は $0[V]$ で、出力端子にはなにも接続されていないということとします。

この前提のもと、最初は $I_{DP-MAX}[A]$ の電流が出力端子の寄生容量（コンデンサ）C_P へ流れて、コンデンサに充電します。ここでは、電流の向きに注意してください。図14-10では、$I_{DP-MAX}[A]$ にはマイナスがついていますので、図14-10（a）の I_{DP} の電流の向きとは逆向きに図14-11（b）の上から下へ $I_{DP-MAX}[A]$ の電流が流れます。したがって、寄生容量に充電する方向へ電流が流れます。

コンデンサに電荷が充電されると、コンデンサに電圧が生じます。そうなると、V_{OUT} の電圧が $0[V]$ から上昇しますので、最初、点 a'（$V_{DSP} = -V_{CC}$）から水色の特性グラフに沿って点が右側に移動します。序盤から中盤にかけて、$I_{DP-MAX}[A]$ の電流が流れます。しかし、終盤、点が線形領域に入り、V_{OUT} も $V_{CC}[V]$ に近くなり、I_{DP} の電流の量が急激に減少します。最終的に V_{DSP} がほぼ $0[V]$ になり、I_{DP} もほぼ $0[A]$ になります。したがって、V_{IN} が $0[V]$ のとき V_{OUT} は $V_{CC}[V]$、つまり論理値でいうと値が「0」から「1」に反転します。

入力 $V_{IN} = V_{GSN}$ が $V_{CC}[V]$ のとき（つまり、論理的には「1」）の動作を図14-11（c）に示します。ここでは、nMOS の動きに注目します。V_{IN} が $V_{CC}[V]$ ということなので、V_{GSN} も $V_{CC}[V]$ になります。V_{GSN} が $V_{CC}[V]$ のとき、図14-10の特性グラフにおいて一番上の水色の特性グラフが選ばれます。定常的には、その水色の特性グラフ上の点 b が V_{DSN} と I_{DN} の値（両方ともほぼ 0）になります。ここでも同様になぜそうなるかを説明します。まず前提として、V_{GSP} が $0[V]$ なので、pMOS の I_{DP} はほぼ $0[A]$ ということを理解してください。また、V_{OUT} は最初 $V_{CC}[V]$ で、出力端子にはなにも接続されていないということにします。

この前提のもと、最初は I_{DN-MAX} の電流が出力端子の寄生容量（コンデンサ）C_D からグラウンドへ流れて、コンデンサが放電します。

コンデンサが放電すると、コンデンサの電圧（つまり V_{OUT} の電圧）が減少していきます。そうなると、V_{OUT} が $V_{CC}[V]$ から減少しますので、最初、点 b'（$V_{DSN} = V_{CC}$）から水色の特性グラフに沿って、点が左側に移動します。序盤から中盤にかけて、I_{DN-MAX} の電流が流れます。しかし、終盤、点が線形領域に入り、V_{OUT} も $0[V]$ に近くなり、I_{DN} の電流の量が減少します。最終的に V_{DSN} がほぼ $0[V]$ になり、I_{DP} もほぼ $0[A]$ になります。したがって、V_{IN} が $V_{CC}[V]$ の

とき、V_{OUT} は $0\,[V]$、つまり論理値でいうと値が「1」から「0」に反転します。

　この動作からわかるように、出力電圧の変化に伴い電流が流れて消費電力が生じますが、この電流の流れは一瞬（ナノセカンンドレベル）です。したがって、出力電圧の変化の回数が少なければ消費電力が少なく、変化がなければほぼ $0\,[W]$ です。

第15章
トランジスタの いろいろな使い方

　前章までは、トランジスタやオペアンプを使って、電圧・電力増幅を中心に説明しました。しかし、トランジスタは増幅以外にスイッチ動作や電流増幅・安定化などさまざまな用途に応じた回路が存在します。特に最近では、マイコンとつなげてモーターを制御したり、LEDを安定的に光らせたり、直流電圧の降圧・昇圧に使われたりします。本章では、これらの用途に応じたトランジスタ回路を説明します。

15−1 トランジスタのスイッチ動作

トランジスタは、信号増幅のほかに、スイッチ素子としてもよく使われます。図15−1（a）が、最も基本的なトランジスタのスイッチ回路です。論理回路的にいうと NOT の動作をします。図15−1（a）の回路の動作は、図15−1（b）に示す $V_{CE}-I_C$ 特性に負荷線を引いて考えることができます。

図15−1（b）において、入力端子を $V_{CC}[V]$（5$[V]$ だったり、3.3$[V]$ だったりします）にすると、ベース電流は I_B は式（15−1）になります。

$$I_B = \frac{V_{CC}-V_{BE}}{R_B} \qquad (15-1)$$

R_B で I_B を調整して、比較的上のほうの特性グラフが選択されるようにします（図15−1（b）の青色の特性グラフ）。その特性グラフと負荷線との交点がコレクタ電流（I'_C）とコレクタ－エミッタ間電圧（V'_{CE}）になります。図15−1（b）では点 a に相当するので、抵抗にコレクタ電流が比較的多く流れて、抵抗 R_L の電圧はほぼ V_{CC} になり、V'_{CE} はほぼ 0$[V]$ になります。コレクタ－エミッタ間電圧が出力電圧に相当するので、出力電圧（V_{OUT}）は 0$[V]$ に近い値になります。この状態を一般的に、**ON 状態**と呼んでいます。

入力端子を 0$[V]$ にすると、ベース電流が流れないので、コレクタ電流も流れません。つまり、選択される特性グラフは V_{CE} 軸になります。したがって、V_{CE} 軸と負荷線との交点である点 b の電流・電圧となります。点 b の電圧は、$V_{CC}$$[V]$ なので、出力電圧（V_{OUT}）は $V_{CC}$$[V]$ になります。この状態を一般的に、**OFF 状態**と呼んでいます。

［例15−1］

図15−1（a）の回路において、$R_B=10[kΩ]$、$R_L=2.45[kΩ]$、$V_{cc}=5[V]$、$V_{BE}=0.5[V]$、$I_C=2[mA]$ とする。$V_{IN}=5[V]$ のときのベース電流 I_B および V_{OUT} の値を求めなさい。

［解答］

ベース電流 I_B は、式（15−1）から

$$I_B = \frac{5-0.5}{10 \times 10^3} = 450[\mu A]$$

になります。また、V_{OUT} は $V_{cc} \to R_L \to$ トランジスタ $\to$ グラウンドの KVL から

$$V_{OUT}= 5 - 2.45\times 10^3\times 2 \times 10^{-3}=0.1\,[V]$$
になります。

答：$I_B=450\,[\mu A]$、$V_{OUT}=0.1\,[V]$

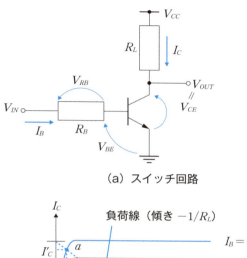

(a) スイッチ回路

(b) $V'_{CE}-I_C$ 特性

図15-1 トランジスタのスイッチ動作説明

　このような動作なら論理素子を使えばよいと思われがちですが、それでは問題が生じる場合があります。それは、$10\,[mA]$ 以上の電流を負荷（R_L）に流さないといけない場合です。例えば、LED に大きな電流を流してより明るく光らせたいときには、このトランジスタの R_L を抵抗 $+LED$ に変えます。

　マイコンの出力で LED を光らせる方法として、図15-2（a）と（b）の2つのパターンがあげられます。（a）はソース電流を利用した接続方法で、（b）はシンク電流を利用した接続方法です。マイコンの出力端子から流れ出す電流をソース電流と呼んでいます。逆に、出力端子に流れ込む（吸い込まれる）電流をシンク電流と呼んでいます。ひと昔前のマイコンならこの電流が数 $[mA]$ だったのですが、今のマイコンは数十 $[mA]$ は流せるようです。ただし、マイコンにはさ

まざまな回路が入っていて、さらに外部にはさまざまな周辺回路が接続されることが想定されます。このような状態で、数十 $[mA]$ もの電流を流すと、動作の不安定要因を増やすことになります。したがって、余裕をもって10 $[mA]$ を超える電流の場合には、図15−2（c）のようにトランジスタを使用したほうがよいといわれています。なお、最近のマイコンでは最大40 $[mA]$ 程度の電流を流すことができます。

図15−2（a）の回路では、出力端子が $High$（V_{CC} $[V]$）のとき、マイコンの出力端子から LED へと電流が流れて LED が点灯します。図15−2（b）の回路では、出力端子が Low（0 $[V]$）のとき、LED に流れた電流がマイコンの出力端子へ流れ込むことによって、LED が点灯します。そのときの電流（I_D）の式は、LED の順方向電圧を V_F $[V]$ とすると、両回路とも同じで式（15−2）で表せられます。なお、R_D は LED によりますが、だいたい500 $[\Omega]$ 〜 1 $[k\Omega]$ 程度です。

$$I_D = \frac{V_{CC} - V_F}{R_D} \qquad (15-2)$$

I_D の電流を数十 $[mA]$ 以上流したいときは、図15−2（c）のようにトランジスタを使います。トランジスタの特性にもよりますが、I_D が50 $[mA]$ 〜 100 $[mA]$ に対して I_B が0.5 $[mA]$ 〜 1 $[mA]$ のオン電流を流します。オン電流は、$High$（V_{CC} $[V]$）のときに流れて、その電流の式は式（15−1）と同じく式（15−3）になります。

$$I_B = \frac{V_{CC} - V_{BE}}{R_B} \qquad (15-3)$$

オン電流が流れたときのコレクター・エミッタ間電圧（V_{CE-sat}）が0.08 $[V]$ 〜 0.12 $[V]$ です。なお、V_{CE-sat} は図15−1（a）の点 a の V_{CE} の値に相当します。LED の順方向電圧 V_F とすると、LED に流れる I_D は式（15−4）になります。

$$I_D = \frac{V_{CC} - V_F - V_{CE-sat}}{R_D} \qquad (15-4)$$

第15章　トランジスタのいろいろな使い方

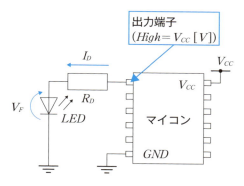

（a）ソース電流を使った LED の点灯回路

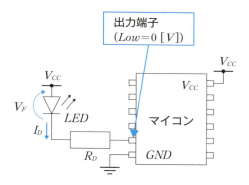

（b）シンク電流を使った LED の点灯回路

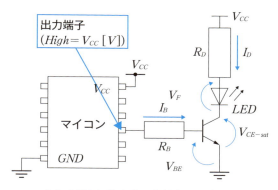

（c）LED に数十 [mA] 以上の電流を流す
　　必要がある場合の回路構成

図15－2　マイコンとトランジスタを使った LED 点灯回路

[例題15−2]

図15−2（c）において、$I_B=0.5\,[mA]$、$I_D=50\,[mA]$、$V_F=2.4\,[V]$、$V_{CE-sat}=0.1\,[V]$、$V_{CC}=5\,[V]$、$V_{BE}=0.5\,[V]$ という値で動作させるときの抵抗 R_B および R_D を求めよ。

[解答]

R_B を求めるために、式（15−3）を変形して電流値・電圧値を代入すると、式（15−5）になります。

$$R_B = \frac{V_{CC}-V_{BE}}{I_B} = \frac{5-0.5}{0.5\times 10^{-3}} = 9\,[k\Omega] \qquad (15-5)$$

同様に、式（15−4）を変形して電流値・電圧値を代入すると R_D が求められ、式（15−6）になります。

$$R_D = \frac{V_{CC}-V_F-V_{CE-sat}}{I_D} = \frac{5-2.4-0.1}{50\times 10^{-3}} = 50\,[\Omega] \qquad (15-6)$$

答：$R_B=9\,[k\Omega]$、$R_D=50\,[\Omega]$

15-2 ダーリントン接続

　モーターなどのLEDより大きな電流が必要な場合は、ダーリントン接続にして、コレクタ電流を大きくします。図15-3（a）がそのダーリントン接続回路です。トランジスタを2つ使い、ベース電流 I_{B1} を増幅させ、I_C として電流にしています。この回路の電流増幅度（I_C/I_{B1}）を求めます。電流増幅度を求めるために、5章で説明した図5-6（b）の等価回路を少し変形して、図15-3（b）のようにします。トランジスタの等価回路は、本来、下の方（エミッタのところ）でつながっているのですが、そこには電流がほとんど流れないので省略していました。なお、h_{IE} および h_{FE} はそれぞれ直流電流時における「ベース端子の抵抗」や「ベース電流を増幅する倍数」に対応します。

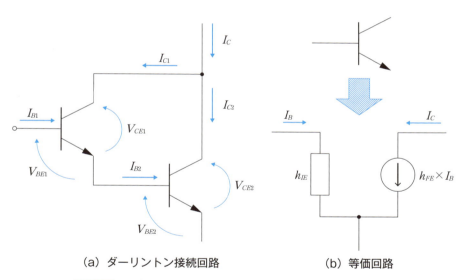

（a）ダーリントン接続回路　　　　（b）等価回路

図15-3　ダーリントン接続とその解析に使用する等価回路

　図15-3（a）のトランジスタを図15-3（b）の等価回路に置き換えると、図15-4になります。図15-4の I_{B2} は I_{B1} と I_{C1}（$=h_{FE1} \times I_{B1}$）の足した値なので、式（15-7）になります。

$$I_{B2} = (1 + h_{FE1}) \times I_{B1} \quad (15-7)$$

　また、I_{C2} は $h_{FE2} \times I_{B2}$ なので、I_{B2} に式（15-7）を代入して式（15-8）にな

ります。

$$I_{C2} = (1 + h_{FE1}) \times h_{FE2} \times I_{B1} \tag{15-8}$$

I_C は $I_{C1} + I_{C2}$ なので、電流増幅度 (I_C/I_{B1}) は式（15-9）になります。

$$I_C = h_{FE1} \times I_{B1} + (1 + h_{FE1}) \times h_{FE2} \times I_{B1} = (h_{FE1} + h_{FE2} + h_{FE1} \times h_{FE2}) \times I_{B1}$$

$$\frac{I_C}{I_{B1}} = (h_{FE1} + h_{FE2} + h_{FE1} \times h_{FE2}) \fallingdotseq h_{FE1} \times h_{FE2} \tag{15-9}$$

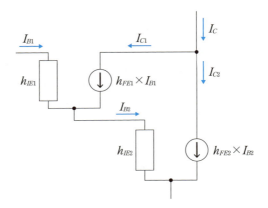

図15-4 ダーリン接続の等価回路

このダーリントン接続とマイコンを使って、モーターを駆動する回路を図15-5に示します。2-4-2節で説明したように、モーターと並列にダイオードを接続しています。マイコンでトランジスタをオンからオフにすると、急に電流が変化します。その変化を妨げようとモーターのコイルに逆起電圧が生じて、逆電流がトランジスタに流れ、トランジスタを破壊してしまいます。そこで、ダイオードをモーターと並列に接続して、逆電流をダイオードに流し、トランジスタの破壊を防ぎます。これは、コイルを使うリレーを使うときもダイオードを入れておくほうが安全です。

モーターなどの数アンペアの電流を流すときには、発熱にも注意が必要です。図15-5の $Tr2$ には1 [V] 程度（$V_{BE2} + V_{CE1}$）の電圧がかかり、数アンペアの電流が流れるとするとかなりの発熱が予想されるので、そのときはヒートシンクを $Tr2$ につけて放熱をします。

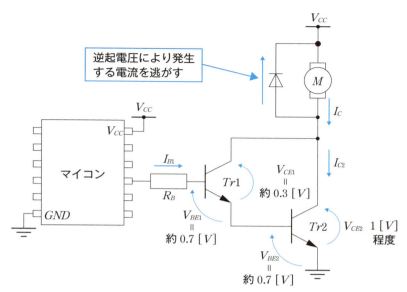

図15-5 ダーリントン接続のモーター制御への応用

> [例題15-3]
> 図15-5の回路において、$V_{CC}=5\,[V]$、$R_B=3.6\,[k\Omega]$、$Tr1$および$Tr2$のh_{FE}はともに40、V_{BE1}およびV_{BE2}もともに0.7$\,[V]$の場合、出力がHigh(V_{CC})のときのモーターに流れる電流I_Cを求めなさい。

[解答]

I_{B1}は、式(15-10)になります。

$$I_{B1}=\frac{V_{CC}-V_{BE1}-V_{BE2}}{R_B}=\frac{5-0.7-0.7}{3.6\times 10^3}=1\,[mA] \quad (15-10)$$

式(15-9)よりI_Cを近似式から求めると、式(15-11)になります。

$$I_C \fallingdotseq h_{FE1}\times h_{FE2}\times I_{B1}=40\times 40\times 1\times 10^{-3}=1.6\,[A] \quad (15-11)$$

答：$I_C=1.6\,[A]$

15−3 カレントミラー

　電子回路の一部に、ある一定の電流を流したいときがあります。そのときにカレントミラー回路を使います。図15−6（a）がカレントミラー回路です。本書では、R_C と R_E が接続されている回路を取り上げました。この回路は、同じ特性のトランジスタを2つ用意することにより、**$Tr1$ のトランジスタに流れている電流 I_{C1} とほぼ同じ電流がもう $Tr2$ のトランジスタのコレクタ電流 I_{C2} に流れます**。この回路は、このあと説明する差動増幅回路にも使われます。また、LEDに一定の電流を流して、輝度を安定させる回路や図15−6（a）の R_C を可変抵抗にすることにより、LEDの輝度を調整する回路にも使用されます。

　この回路では、$Tr1$ のベース端子とコレクタ端子が接続されているので、$V_{CE1}=V_{BE1}$ となります。トランジスタの特性上、V_{CE1} の値が V_{BE1} のときは、図15−6（b）に示すように飽和領域（I_{C1} がほぼ一定）になります。そのときの I_{C1} は、$Tr1$ 側のKVLから式（15−12）になります。

$$V_{CC}=R_C \times I_{C1}+V_{CE1}+R_E \times I_{C1}$$

$$I_{C1}=\frac{V_{CC}-V_{CE}}{R_C+R_E} \tag{15-12}$$

　式（15−12）の電流がコレクタ電流として流れるように、V_{BE1} が調整せれます。その V_{BE1} に対応して I_{B1} が流れて、図15−6（b）の特性グラフの水色の線が選択されます。$Tr1$ と $Tr2$ のベース端子がつながっているので、$V_{BE1}=V_{BE2}$ となり、I_{B1} と同じ電流が I_{B2} に流れます。したがって、$Tr2$ も $Tr1$ と同じ水色の特性グラフが選択され、I_{C1} と同じ電流が I_{C2} に流れます。なお、図15−6（a）の V_{CE2} は $Tr2$ 側のKVLから式（15−13）になります。

$$V_{CE2}=V_{CC}-R_E \times I_{C1} \tag{15-13}$$

$$(\therefore I_{C2}=I_{C1})$$

　なお、ベース端子とコレクタ端子を接続したときのトランジスタを「**ダイオード接続**」と呼んでいます。つまり、$Tr1$ はダイオードの働きをします（順方向電圧 V_F が V_{BE1} に相当）ので、$Tr1$ をダイオードに置き換えた回路もあります。

第15章 トランジスタのいろいろな使い方

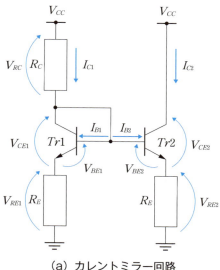

（a）カレントミラー回路

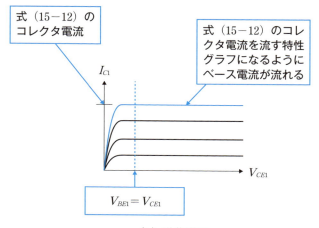

（b）動作説明

図15−6 カレントミラー回路の説明※注

※注：R_E を両方とも省略し、エミッタ端子を直にグラウンドに接続したカレントミラー回路もある。

15−3 カンレトミラー

[例題15−4]

図15−7の LED への定電流供給回路において、LED に20 $[mA]$ の電流を流したい。抵抗値 R_C を求めなさい。また、そのときの $Tr2$ 側のコレクタ—エミッタ間電圧 V_{CE2} を求めなさい。

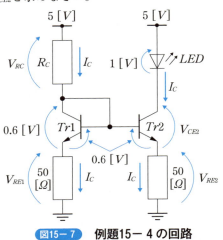

図15−7 例題15−4の回路

[解答]

式 (15−12) から R_C が求められ、式 (15−14) になります。

$$R_C = \frac{V_{CC} - V_{CE1}}{I_C} - R_E = \frac{5 - 0.6}{20 \times 10^{-3}} - 50 = 170\ [\Omega] \quad (15-14)$$

$Tr2$ 側にも I_C として20 $[mA]$ 流れていて、LED の順方向電圧 V_F が1 $[V]$ とすると、$Tr2$ 側の KVL から V_{CE2} は式 (15−15) になります。

$$V_{CE2} = V_{CC} - V_F - R_E \times I_{C1} = 5 - 1 - 50 \times 20 \times 10^{-3} = 3\ [V] \quad (15-15)$$

答：$R_C = 170\ [\Omega]$、$V_{CE2} = 3\ [V]$

15-4 差動増幅回路

　前章でオペアンプを使った差動増幅回路を説明しましたが、トランジスタでも差動増幅回路が作れます。図15-8がその差動増幅回路になります。オペアンプの中には、この差動増幅回路を少しアレンジした差動増幅回路が入っています。図15-8の回路では、$Tr3$と$Tr4$の部分でカレントミラー回路を構成し、定電流を作っています。実際の差動増幅部分は、$Tr1$と$Tr2$になります。したがって、$Tr1$と$Tr2$を中心に回路解析します。

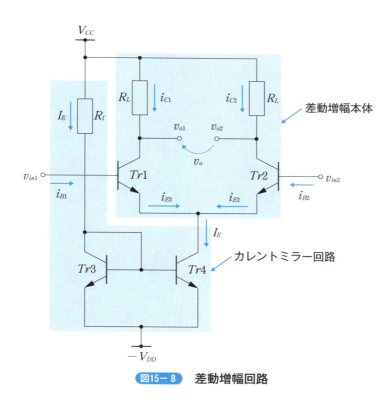

図15-8 差動増幅回路

　図15-8の回路を交流のみ考慮して、等価回路にしたものが図15-9になります。図15-9では$Tr1$と$Tr2$を簡略化したhパラメータ等価回路として表し、$Tr3$と$Tr4$の定電流源回路はI_Eの定電流源として表しています。
　v_{in1}とv_{in2}はそれぞれ式（15-16）と式（15-17）になります。

15-4 差動増幅回路

$$v_{in1} = h_{ie} \times i_{B1} + v_E \tag{15-16}$$

$$v_{in2} = h_{ie} \times i_{B2} + v_E \tag{15-17}$$

i_{C1}は$h_{fe} \times i_{B1}$、i_{C2}は$h_{fe} \times i_{B2}$で、式（15-16）と式（15-17）からi_{B1}とi_{B2}を求め代入すると、i_{C1}とi_{C2}はそれぞれ式（15-18）と式（15-19）になります。

$$i_{C1} = \frac{h_{fe} \times (v_{in1} - v_E)}{h_{ie}} \tag{15-18}$$

$$i_{C2} = \frac{h_{fe} \times (v_{in2} - v_E)}{h_{ie}} \tag{15-19}$$

v_{o1}は$-v_{RL1}(=-i_{C1} \times R_L)$、$v_{o2}$は$-v_{RL2}(=-i_{C2} \times R_L)$となります。したがって、$v_o(=v_{o1}-v_{o2})$は式（15-20）になります。

$$v_o = -R_L \times (i_{C1} - i_{C2}) \tag{15-20}$$

式（15-20）に式（15-18）と式（15-19）を代入すると、式（15-21）になり、差動増幅になります。

$$v_o = -R_L \times f_{fe} \times \frac{\{(v_{in1}-v_E)-(v_{in2}-v_E)\}}{h_{ie}} = -\frac{R_L \times h_{fe}}{h_{ie}} \times (v_{in1}-v_{in2}) \tag{15-21}$$

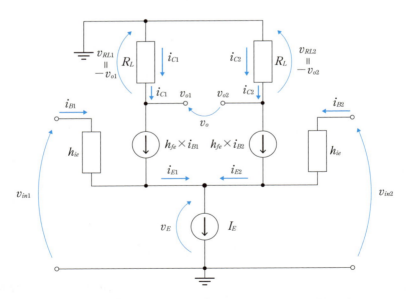

図15-9　差動増幅回路の交流のみ考慮した等価回路

15-5 発振回路（無安定マルチバイブレータ）

トランジスタ、コンデンサ、および抵抗を使って発振回路ができます。本書では、図15-10に示す無安定マルチバイブレータを説明します。この回路では、コンデンサの充放電を利用して、トランジスタをスイッチングして、LEDを交互に点灯させます。

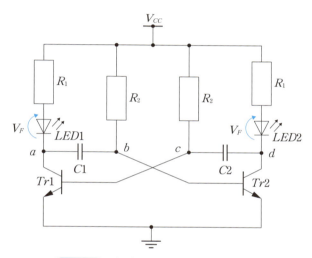

図15-10 無安定マルチバイブレータ

この回路の動作を説明します。なお、動作説明に関してLEDは動作には直接影響がないので、その順方向電圧V_Fは$0[V]$と近似して、わかりやすくします。
コンデンサ$C1$と$C2$の接続点（a〜d点）の電位を考えます。初期値は、$a=0[V]$、$b=-V_{CC}+V_{BE-ON}$（なぜマイナスがつくのかは後で説明します）、$c=V_{BE-ON}[V]$、および$d=0[V]$とします。なお、点cの電位であるV_{BE-ON}はトランジスタがONになる電位で0.6〜0.7$[V]$程度です。この状態では、$Tr1$はON状態、$Tr2$はOFF状態です。
$Tr1$がONなので、$LED1$は点灯します。$Tr2$はOFF状態ですが、最初$C2$への充電電流で$LED2$も光ります。$C2$の充電は$C1$の充電に比べてすぐ終わるようにR_1を小さく設定するので、最終的には$LED2$は消灯しています。$C2$の充電が終わると、点dは$V_{CC}[V]$になります。図15-11は、そのときのコンデンサ周

15-5 発振回路（無安定マルチバイブレータ）

辺の電圧・電流を表しています。

図15-11のように、$LED1$は点灯している間、$C1$の点bから電荷を充電しているので、点bの電位が徐々に上昇していきます。点bの電位が$-V_{CC}+V_{BE-ON}$ [V] からV_{BE-ON} [V] になるまで、$LED1$が点灯し続けます。その時間T_1は、$C1$とR_2の直列接続の過渡現象から計算できて、$V_{CC}=5$ [V] の場合、式（15-22）に近似されます。

$$T_1 \fallingdotseq 0.7 \times C1 \times R_2 \tag{15-22}$$

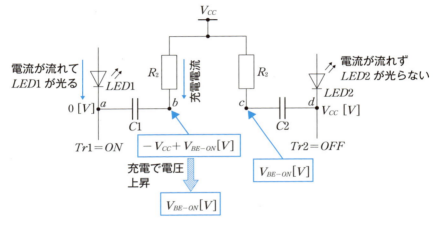

図15-11 $LED1$が点灯する状態

点bがV_{BE-ON} [V] になった瞬間から状況が変化します。図15-12に示すように、点bがV_{BE-ON} [V] になると、$Tr2$がON状態になり、点dがV_{CC} [V] から一転してほぼ0 [V] になります。それに引きずられて、点cの電位がV_{CC} [V] 低くなります。その結果、点cは$-V_{CC}+V_{BE-ON}$ [V] になります。点cの電位が$-V_{CC}+V_{BE-ON}$ [V] になると、$Tr1$がOFFになります。$Tr1$がOFFになっても、$C1$への充電電流で少しは光っていますが、先ほど説明したように、R_1の抵抗を低く設定しているので、すぐ充電して電流が流れなくなります。したがって、最終的には$LED1$は消灯します。一方、$Tr2$がONなので、$LED2$は点灯します。先ほどの点bと同じように、点cの電位が$-V_{CC}+V_{BE-ON}$ [V] からV_{BE-ON} [V] になるまで$LED2$は点灯し続けます。その時間T_2は、$C1$とR_2の直列接続の過渡現象から計算できて、$V_{CC}=5$ [V] の場合、式（15-23）に近似されます。

$$T_2 \fallingdotseq 0.7 \times C2 \times R_2 \tag{15-23}$$

点cの電位がV_{BE-ON} [V] になった瞬間、再度状態が変化して、$Tr1$がON状

態になるので、点 a が $V_{CC}[V]$ から一転してほぼ $0[V]$ になります。それに引きずられて、点 b の電位が $V_{CC}[V]$ 低くなります。その結果、点 b は $-V_{CC}+V_{BE-ON}[V]$ になります。点 b が $-V_{CC}+V_{BE-ON}[V]$ になると、$Tr2$ が OFF になります。その瞬間の点 d は $0[V]$ なので、初期の状態に戻って繰り返します。

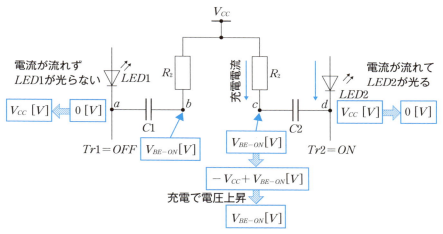

図15−12 $LED2$ が点灯する状態

[例題15−5]

図15−10の無安定マルチバイブレータにおいて、$V_{CC}=5[V]$、$R_1=100[\Omega]$、$R_2=50[k\Omega]$、$C1=10[\mu F]$、$C2=20[\mu F]$ とした場合、$LED1$ の点灯時間と消灯時間を求めなさい。なお、$Tr1$ が OFF 状態時の充電電流による $LED1$ の点灯時間は無視しなさい。

[解答]

$LED1$ の点灯時間は、式（15−22）から求められて式（15−24）になります。

$$T_1 \fallingdotseq 0.7 \times C1 \times R_2 = 0.7 \times 10 \times 10^{-6} \times 50 \times 10^3 = 0.35 \, [s] \quad (15-24)$$

また、$LED1$ の消灯時間は $LED2$ の点灯時間なので、式（15−23）から求められて、式（15−25）になります。

$$T_2 \fallingdotseq 0.7 \times C2 \times R_2 = 0.7 \times 20 \times 10^{-6} \times 50 \times 10^3 = 0.7 \, [s] \quad (15-25)$$

答：$LED1$ の点灯時間 $0.35 \, [s]$、$LED1$ の消灯時間 $0.7 \, [s]$

15-6　DC-DCコンバータ

　パソコンや携帯電話などの電子機器において、消費電力が重要な点の1つにあげられます。その消費電力を削減させるためには、電源回路の高効率化が求められます。電子機器は、一般的に、図15-13のように、交流（AC）から直流（DC）に変換して、そのDCをさらに複数のDCに変換しています。このDCからDCへ変換する回路を$DC-DC$コンバータと呼んでいます。ACからDC、DCからDCへ変換するときに、消費電力的に100%の効率で電力が伝わっていません。変換時に熱を発生させたりするので、電力が奪われてしまいます。そこで、$DC-DC$コンバータには、比較的効率の高いスイッチング型が主流になっています。

　昔は、DC電圧の種類も少なく（+5[V]と±12[V]程度）、配線のインピーダンスによる電圧降下を気にする必要がありませんでした。したがって、図15-13 (a)のように電源と電子回路とを絶縁できる$DC-DC$コンバータを2種類程度おいて、そこから複数のICへ電源を供給していました。

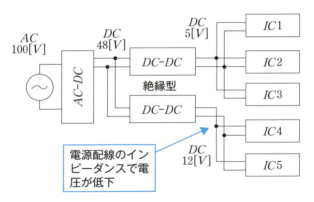

図15-13　電子機器の電源構成（集中電源）

　しかし、絶縁型の$DC-DC$コンバータは、コスト面やトランスにより実装面積の増大が問題でした。また、最近ではデジタル回路でも3.3[V]、1.8[V]、1.5[V]、1[V]、および0.8[V]の直流電圧が必要になっています。組込用のCPUは、$DVFS$（$Dynamic\ Voltage\ and\ Frequency\ Scaling$）といって、処理に応じて電源電圧と動作周波数を変更したりするので、複数の電源電圧が必要ですし、

CPUとキャッシュメモリの電流電圧値も異なります。さらに、最近では比較的大きな電流がICに流れるので、電源の配線を長くすると、その配線のインピーダンスで電源電圧が低下し、誤動作を起こしてしまいます。

そこで、最近の電子機器は、図15−14のように電源と電子回路を絶縁するための$DC-DC$コンバータを1つ置き、さらにIC（負荷）の近くにおいた$DC-DC$コンバータで電圧変換しています。このような$DC-DC$コンバータをPOL ($Point\ Of\ Load$) コンバータと呼んでいます。このように複数のPOLコンバータをおくために、その効率が重要になります。そこで、POLコンバータを比較的能率のよいスイッチング型の$DC-DC$コンバータで構成することが主流となっています。本節では、このスイッチング型の基本であるチョッパ方式のバックコンバータ（降圧コンバータ）を説明します。

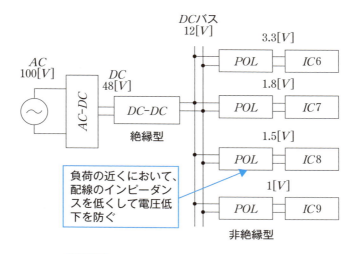

図15−14 電子機器の電源構成（分散電源）

バックコンバータの回路を図15−15に示します。トランジスタをスイッチとして利用します。スイッチ制御回路では、コイルの電流値をもとにスイッチのONとOFFの時間を制御します。

トランジスタがON状態のときの電流・電圧の状態を図15−16に示します。ON状態では、ダイオードは電源Eに対しては逆接続になるので、電流は流れません。一方、コイルには電流が流れます。コイルに電流が流れることにより、コイルにエネルギーが溜まる形になります。コンデンサCは平滑回路です。必要に応じて充放電することにより、E_{out}をできるだけ一定に保ちます。

15-6 DC-DCコンバータ

　トランジスタが OFF 状態のときの電流・電圧の状態を図15-17に示します。急に電源 E からコイルに電流供給がなくなり、電流が減少するので、その減少を妨げようにコイルに電圧が生じ、電流を流します。別の言い方をすると、ON 時に溜めていたエネルギーを OFF 時に電流として放出する形になります。また、コンデンサからも放電電流を流し、E_{out} をできるだけ一定に保ちます。したがって、OFF 時でも負荷に電流が流れ続けます。ただ、OFF 時には直流電圧源から電流を供給していないので、その分 E_{out} の電圧は下がって、降圧することができます。

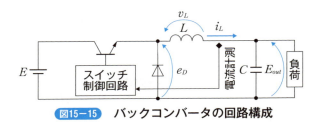

図15-15　バックコンバータの回路構成

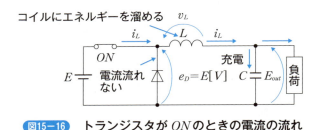

図15-16　トランジスタが ON のときの電流の流れ

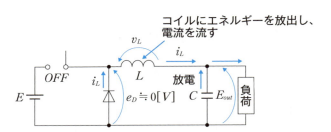

図15-17　トランジスタが OFF のときの電流の流れ

　この回路の実際の電圧・電流波形は、図15-18になります。この波形は、ある程度時間が経った定常状態のときの波形です。i_L は、電源を入れたときは当然

0 [A] ですが、スイッチ制御回路で T_{ON} を調節して、トランジスタが OFF の時間を短くして、電流を上げていきます。i_L が i_{L0} [A] になったら、トランジスタの ON と OFF 時の変動幅 Δi_L が同じになるように電流を i_L を随時測定しながら、スイッチのタイミングを制御して安定化させます。

図15−18のグラフの電圧・電流値を説明します。まず、ダイオードの電圧 e_D ですが、トランジスタが ON のときは、直流電圧源の電圧 E がダイオードにそのままかかるので、e_D は E になります。v_L はダイオードの電圧とコンデンサの電圧の差になるので、このときの v_L は $E-E_{out}$ になります。ON 時に $E-E_{out}$ の電圧がコイルにかかると、その電流は直線的に増加します（コイルの電流は電圧の積分した値に比例するので）。トランジスタが OFF のときはダイオードに電流が流れ、ダイオードの順方向電圧を 0 [V] に近似すると、v_L は $0-E_{out}=-E_{out}$ になります。マイナスの電圧がかかるので、電流が減少していきます。ON のときより、急激に減少していきます。

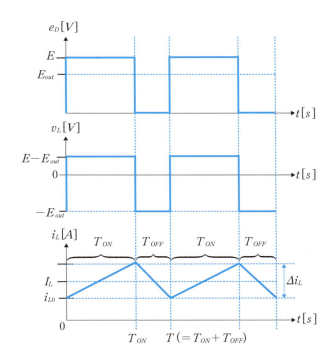

図15−18 降圧 $DC-DC$ コンバータの電圧・電流波形

このときの E_{out} を求めます。先ほど、「コイルの電流は電圧の積分した値に比

15−6 DC−DC コンバータ

例する」と述べましたが、逆に言うと、コイルにかかる電圧は電流の微分した値に比例します。したがって、式（15−26）が成り立ちます。

$$L\frac{di_L}{dt}=v_L \tag{15-26}$$

式（15−26）を時間 t で 0 から T まで積分すると、式（15−27）になります。

$$L\int_0^T \frac{di_L}{dt}dt = \int_0^T v_L dt$$

$$L\int_0^T di_L = \int_0^T v_L dt$$

$$L\{i_L(T)-i_L(0)\} = \int_0^T v_L dt \tag{15-27}$$

式（15−27）の左辺に注目すると、$i_L(T)$ と $i_L(0)$ は図15−18から同じ値 i_{L0} になるので、左辺は0になります。式（15−27）の右辺の v_L に注目すると、図15−15から ON 時は $E-E_{out}$、OFF 時は $-E_{out}$ なので、左辺と右辺を合わせると式（15−28）になります。

$$0 = [(E-E_{out})t]_0^{T_{ON}} + [-E_{out}t]_{T_{ON}}^{T_{ON}+T_{OFF}}$$
$$= (E-E_{out})T_{ON} + \{-E_{out}(T_{ON}+T_{OFF})-(-E_{out})T_{ON}\}$$
$$0 = (E-E_{out})T_{ON} - E_{out}T_{OFF} = ET_{ON} - (T_{ON}+T_{OFF})E_{out} = ET_{ON} - TE_{out} \tag{15-28}$$

式（15−28）から、E_{out} は1周期のうちの ON の時間の割合で決まり、式（15−29）で表せます。

$$T \times E_{out} = E \times T_{ON}$$

$$E_{out} = \frac{T_{ON}}{T} \times E \tag{15-29}$$

［例題15−6］

図15−15のバックコンバータにおいて、直流電圧源 E が 16 [V] として、この電圧を 4 [V] に降圧したい。スイッチング周波数 f が 20 [kHz] のときのトランジスタの ON の時間を求めなさい。

［解答］

スイッチング周波数 f から1周期の時間 T を求めると、式（15−30）になります。

$$T = \frac{1}{f} = \frac{1}{20 \times 10^3} = 50\ [\mu s] \tag{15-30}$$

式（15−29）に周期 T、電源電圧 E、および降圧電圧 E_{out} の数値を各々あてはめて T_{ON} を求めると、式（15−31）になります。

$$4 = \frac{T_{ON}}{50 \times 10^{-6}} \times 16$$

$$T_{ON} = \frac{4}{16} \times 50 \times 10^{-6} = 12.5 \,[\mu s] \tag{15−31}$$

答：$T_{ON} = 12.5\,[\mu s]$

付録

付録A　ギリシャ文字表

大文字	小文字	名称
A	α	アルファ
B	β	ベータ
Γ	γ	ガンマ
Δ	δ	デルタ
E	ε	イプシロン
Z	ζ	ジータ
H	η	イータ
Θ	θ	シータ
I	ι	イオタ
K	κ	カッパ
Λ	λ	ラムダ
M	μ	ミュー
N	ν	ニュー
Ξ	ξ	クサイ
O	o	オミクロン
Π	π	パイ
P	ρ	ロー
Σ	σ	シグマ
T	τ	タウ
Υ	υ	ユプシロン
Φ	ϕ	ファイ
X	χ	カイ
Ψ	ψ	プサイ
Ω	ω	オメガ

付録 B 電気と磁気の単位表

量	量記号	関係式	名称	単位記号
電流	I	$I=V/R$	アンペア (ampere)	A
電圧	V	$P=VI$	ボルト (volt)	V
電気抵抗	R	$R=V/I$	オーム (ohm)	Ω
電気量(電荷)	Q	$Q=It$	クーロン (coulomb)	C
静電容量	C	$C=Q/V$	ファラド (farad)	F
電界の強さ	E	$E=V/l$	ボルト毎メートル	V/m
電束密度	D	$D=Q/A$	クーロン毎平方メートル	C/m^2
誘電率	ε	$\varepsilon=V/I$	ファラド毎メートル	F/m
磁界の強さ	H	$H=I/t$	アンペア毎メートル	A/m
磁束	ϕ	$V=\Delta\phi/\Delta t$	ウェーバ (weber)	Wb
磁束密度	B	$B=\phi A$	テスラ (tesla)	T
自己(相互)インダクタンス	$L(M)$	$M=\phi I$	ヘンリー (henry)	H
透磁率	μ	$\mu=B/H$	ヘンリー毎メートル	H/m

(t:時間 $[s]$、l:長さ $[m]$、A:面積 $[m^2]$、P:電力 $[W]$)

付録 C 接頭語の表

名称	記号	倍数
テラ (tera)	T	10^{12}
ギガ (giga)	G	10^9
メガ (mega)	M	10^6
キロ (kilo)	k	10^3
ヘクト (hecto)	h	10^2
デガ (deca)	da	10
デシ (deci)	d	10^{-1}
センチ (centi)	c	10^{-2}
ミリ (mili)	m	10^{-3}
マイクロ (micro)	μ	10^{-6}
ナノ (nano)	n	10^{-9}
ピコ (pico)	p	10^{-12}

付録 D　新 JIS による図記号

名称	図記号	名称	図記号	名称	図記号
可変抵抗器（2端子）		npn トランジスタ		光導電セル（CdS）	
可変抵抗器（3端子）		pnp トランジスタ		NTC サーミスタ（直熱形）	
コンデンサ		n チャネル接合型 FET		サーミスタ（直熱形）	
可変コンデンサ		p チャネル接合型 FET		ホール素子	
コイル		n チャネルエンハンスメント型 MOSFET		磁気抵抗素子	
変圧器		p チャネルエンハンスメント型 MOSFET		圧電素子	
半導体ダイオード		フォトトランジスタ（npn 形）		スイッチ	
フォトダイオード		フォトトランジスタ（pnp 形）		モーター	
発光ダイオード（LED）		フォトカプラ			
ツェナーダイオード		太陽電池			

索 引

数字

$1+A\times\beta$	188
$1/(1+A\times\beta)$	188, 191, 192
$2SC1815$	79

A

A	184
AC	266
A/D 変換端子	199, 214
A_i	122
A_p	122
A_v	122
A 級	152
A 級電力増幅回路	171

B

B 級電力増幅回路	176
B 級プッシュプル	152
B 級プッシュプル電力増幅回路	176

C

C_F	219
CMOS	244
Complementary（相補的）	244
$\cos$	62
$\cos$ 波	62, 69
C_{ox}	231
CPU	266
CR 結合増幅回路	134

D

DC	266
DC-DC コンバータ	266
DC モーター	32
DVFS	266

E

e_D	269
e_g	130

F

f_H	144
f_L	144

G

G_i	122
g_m	236
GND	12
G_p	122
G_v	122

H

h_{fb}	95
h_{fc}	100
h_{fe}	77, 78
h_{FE}	108, 255
h_{ib}	95
h_{ic}	100
h_{ie}	77, 78
h_{IE}	255
h_{ob}	95
h_{oc}	100
h_{oe}	77, 78
h_{rb}	95
h_{rc}	100
h_{re}	77, 78
h パラメータ	104
h パラメータ等価回路	77, 82, 162, 194

I

i_b	66, 74
I_b	51
$i_b - i_c$ 特性グラフ	74, 78
$i_b - v_{be}$ 特性グラフ	78
i_c	69, 74
I_c	51
IC	266
I_D	229
i_{inf}	190
i_{of}	192
$i_{oβ}$	192

K

KCL（Kirchhoff's Current Law）	14
Kirchhoff's Law	14
KVL（Kirchhoff's Voltage Law）	14

L

L	231
LED	36, 251, 258, 263
LM358	199
LM662	199
Log	122

M

MOS	226

N

negative	24
nMOS	227, 244
NOT	250
NOT 回路	244
npn 形トランジスタ	48
n 形半導体	24, 227

O

OFF 状態	250
ON 状態	250

P

P_{AC_MAX}	171
P_{DC}	171
$pMOS$	227, 244
pnp 形トランジスタ	49
pn 接合	26
POL	267
P_r	180
p 形半導体	25, 227

Q

$Q(t)$	219

R

Rail to Rail	199, 203
R_f	206, 211
R_{in}	128, 129
R_{inf}	184
R_o	128, 130
$r_o//R_D$	238
R_{of}	184, 188
R_{ON}	231
R_s	206, 211

S

SB 端子	227
$\sin$	62
$\sin$ 波	62, 65, 69, 176

V

$v_1 = v_{2n}$	201
v_{be}	66, 74
V_{be}	51
$v_{be} - i_b$ 特性グラフ	66, 70
$V_{be} - I_b$ 特性グラフ	51
V_{BE-ON}	263
$v_{be} - v_{ce}$ 特性グラフ	74, 75
v_{be} 軸切片	67
V_{CC}	12
v_{ce}	68, 74
V_{ce}	51
$v_{ce} - i_c$ 特性グラフ	68, 71, 74, 78
$V_{ce} - I_c$ 特性グラフ	51, 56
$v_{ce} - v_{be}$ 特性グラフ	78
V_{comp}	203
V_{DS}	229
$V_{DS} - I_D$ 特性	230
V_F	252
V_{GS}	229
V_{GSN}	245
V_{GSP}	245
V_{in-}	198
V_{in+}	198
v_L	269
V_{out}	198
v_{out}/i_{in}	190
V_{ref}	203
V_{TH}	229

V_Z-I_Z 特性グラフ	34

W

W	231
W/L	227

記号・単位など

β	184
Δi_L	269
η	170
μ_n	231

あ

アクセプタ	25
アノード	29
アバランシェ降伏	27
安定化電源	27
アンテナ	162

い

移動度	231
イマジナリーショート	201
インピーダンス	19
インピーダンス整合	124, 162, 170
インピーダンス変換	243
インピーダンスマッチング	124

え

エネルギー状態	26

エミッタ	48
エミッタ接地回路	92, 116, 134
エミッタ端子	100
エンハンスメント型	227

お

オーバードライブ電圧	232
オームの法則	20
オフ状態	229
オフセット	62
オフ領域	230
オペアンプ	198
オン状態	229
音声増幅	162
オン抵抗	231
オン電流	252
温度	103, 104
音波	62

か

開放	77
開放除去	19, 106
回路ブロック	146
角速度	69
重ね合わせの理	15, 188, 191
加算回路	218
仮想短絡	201
カソード	29
カットオフ状態	229

過度現象	264	ゲート端子	236
可変抵抗	258	ゲート電圧	226
カレントミラー回路	258	原子	24
		検出機器	214

き

帰還	184		
帰還率	184		

こ

コイル	19, 267		
基準電圧	203	降圧	268
寄生容量	244	降圧コンバータ	267
輝度	258	高域遮断周波数	144
基本角速度	62	高効率化	266
逆起電圧	32, 256	高周波成分	219
逆相	92	高周波等価回路	77
キャッシュメモリ	267	高低差	14
キャリア	229	高電圧	32
共有結合	24	交流	266
虚数部	220	交流信号	19
キルヒホッフ	12	交流電圧源	15
キルヒホッフの法則	14	固定バイアス回路	106
		コレクタ	48

く

		コレクター エミッタ間電圧	51, 250
空乏層	26	コレクタ接地回路	99
矩形波	219	コレクタ損失	58
グラウンド	92	コレクタ端子	92
グラフ	20	コレクタ電流	51, 100, 226, 250, 255
		コンデンサ	19, 236

け

さ

ゲート（G）	227		
ゲート接地回路	237, 239	最大許容値	58

最大振幅時の電力	171
最大振幅波形	155
最大定格逆電圧	37
最大定格電流	37
差動増幅回路	216, 261
三角波	219

し

シーソー	206
時間積分	221, 219
自己バイアス回路	111
実効値	124
実数部	220
実装面積	266
自由電子	24, 226
周波数	15, 63
周波数領域	144
出力アドミタンス	78
出力インピーダンス	78, 86, 99, 128, 130, 164, 199, 238
出力信号	54
出力端子	198
出力抵抗	146
出力電圧	64
純度	24
順方向電圧	37, 252
順方向電流	37
小信号等価回路	77, 144
消費電力	245, 266

ショート	201
シリコン	24
シリコン半導体	226
シンク電流	251
信号処理	63
真性半導体	24
振動板	62
振幅	64

す

スイッチ	31
スイッチ制御回路	267
スイッチ素子	250
スイッチ動作	58
スイッチング周波数	270
スイッチング等価回路	77
スペックシート	51, 108, 135
スレッショルド電圧	229

せ

正帰還	183
正孔	25
整合条件	152
静電容量	219
整流	31
整流回路	31
積分	269
積分回路	221
絶縁物	226

接合面	26
接地	91
接地回路	91
線形回路	39
線形（直線）近似	74
線形領域	230
センサー素子	214

そ

総合利得	144, 150
相互コンダクタンス	236
増幅度	122, 184
増幅度の安定	184
相補系論理回路	244
素子 X	21, 55, 66
素子 Y	56, 68
ソース（S）	227
ソース接地回路	237
ソース電流	251
ソースフォロア	237
ソースフォロア回路	241
ダーリントン接続	255

た

第1法則（電流測）	14
第2法則（電圧測）	14
帯域幅	144
ダイオード	26, 256, 267
ダイオード接続	258

大振幅増幅	152, 162
多段結合	214
端子電位	92
単電源	206
単電源オペアンプ	199, 203
短絡	77
短絡除去	15, 106

ち

チャネル	226, 227
チャネル長	231
チャネル長（L）	227
チャネル長変調	232, 236
チャネル幅	231
チャネル幅（W）	227
注入	184
直流	266
直流時の電流増幅率	108
直流電圧・電流（動作点の電圧・電流）の電力	171
直流電圧源	12, 15, 20
直流電流源	20, 71
チョッパ方式	267

つ

ツェナー効果	27
ツェナーダイオード	30
ツェナー電圧	35

て

低域遮断周波数	144
定電圧	31
定電圧回路	33
ディプレッション型	227
デジタル回路	266
デシベル	122
データ通信	216
鉄芯	152
電圧帰還率	78
電圧源	186
電圧増幅度	64, 82, 104, 122, 146
電圧注入・電圧帰還	185, 186
電圧注入・電流帰還	185, 193
電圧低下	87
電圧利得	122, 140, 142
電荷	219
電気信号	62
電源回路	266
電源端子	198
電源電圧	198
電子	24, 229
電子機器	62
伝導物	226
電流源 → 電圧源の等価変換	86, 147
電流増幅	48
電流増幅度	122
電流増幅率	78
電流注入・電圧帰還	185, 190
電流負帰還バイアス回路	116, 134, 153, 171
電流利得	122
電力効率	170
電力増幅回路	116, 152
電力増幅度	92, 122
電力利得	122

と

等価回路	39, 70, 71, 236, 255
等価変換	86
動作点	54, 56, 104, 135, 152
銅線	152
特性グラフ	51
特性変化	187
ドナー	24
トランジスタ回路解析	54
トランジスタの回路図記号	50
トランス	126
トランス結合型増幅回路	116
トランス結合多段増幅回路	162
ドレイン（D）	227
ドレイン接地回路	237
ドレイン電流	226
ドレイン電流（i_D）	236
トンネル効果	27

な

内部抵抗	15

に

入出力インピーダンス	99
入出力端子	64, 77
入力インピーダンス	78, 86, 99, 128, 164, 199, 238
入力信号	54
入力信号源	130
入力抵抗	146
入力電圧	64

ね

ネガティブ	24

の

ノイズ	216, 219

は

バイアス	104
バイアス回路	104
バイパスコンデンサ	116, 193
バイポーラトランジスタ	225, 226
バーチャルショート	201, 206, 211, 214, 216, 218, 219, 221
バックコンバータ	267
発光ダイオード	36
発振回路	263
発熱	256
バッファ	99
反転増幅回路	206
半導体	24
半波整流回路	31

ひ

ヒートシンク	170, 256
比較回路	203
微小信号	162
微小電流	214
微小変化量	77, 233
ひずみ	54
非線形回路	39
非反転増幅回路	211
非反転入出力端子	198
微分	270
微分回路	218
ピンチオフ電圧	232

ふ

フィルタ回路	197
負荷	124
負荷線	20, 56, 69, 154
負荷抵抗	33
負帰還	183
負帰還回路	184
部品コスト	103, 104
プラス電荷	25
プラス電極	12
フリーエ級数展開	62
プルアップ	106

ブロック間結合	87
分圧	105
分圧の法則	41, 117, 141, 186, 243

へ

平均電流	179
ベクトル図	220
ベース	48
ベース－エミッタ間電圧	51
ベース接地回路	94
ベース端子	94
ベース電流	51, 84, 100, 226
変化量	77
変換効率	170
変動幅	269

ほ

ホウ素	25
放電電流	268
放熱	256
飽和領域	230, 233, 258
ポジティブ	25
ホール	25, 229
ボルテージフォロア	214

ま

マイク	62, 162
マイコン	199, 206, 214, 251
マイナス電極	12

巻き数比	157

み

見かけ上のインピーダンス	152
見かけ上の負荷	126

む

無安定マルチバイブレータ	263
無限大	201
無負荷	35

も

モーター	255
モデル	186
モデル化	86
モデル回路	124
モデル化した回路	190

ゆ

ユニ	225
ユニポーラトランジスタ	225, 226

り

利得	122
リレー	32, 256
リン	24

る

ループ	14

れ

レイルツーレイル ……… 199

ろ

論理回路動作 ……… 244

■著者紹介
早川 潔（はやかわ きよし）

1997 年	山梨大学大学院工学研究科博士後期課程社会・情報システム工学修了 工学（博士）
	通商産業省工業技術院電子技術総合研究所情報アーキテクチャ部（現 産業技術総合研究所）
	COE 特別研究員
2000 年	九州工業大学工学部電気工学科講師
2005 年	大阪府立工業高等専門学校総合工学システム学科 電子情報コース 助教授
2017 年	大阪府立大学工業高等専門学校総合工学システム学科 電子情報コース 教授

現在に至る

専門：電子回路、組込み・計算機システム、並列計算
研究：構造物の損傷同定システムの開発、FPGA によるアプリケーションのハードウェア実行
主な著書：『実践 ティーチング・ポートフォリオ スターターブック』（共著）（NTS, 2011 年）

例題で学ぶ
はじめての電子回路

2017年9月4日 初版 第1刷発行

著 者	早川 潔
発行者	片岡 巌
発行所	株式会社 技術評論社
	東京都新宿区市谷左内町21-13
	電話 03-3513-6150 販売促進部
	03-3267-2270 書籍編集部
印刷／製本	港北出版印刷株式会社

●装丁　　　　　辻聡
●組版＆トレース　株式会社キャップス
●編集　　　　　谷戸伸好

定価はカバーに表示してあります。

本書の一部または全部を著作権法の定める範囲を超え、無断で複写、複製、転載、テープ化、ファイル化することを禁じます。

造本には細心の注意を払っておりますが、万一、乱丁（ページの乱れ）や落丁（ページの抜け）がございましたら、小社販売促進部までお送りください。送料小社負担にてお取り替えいたします。

©2017 早川 潔
ISBN978-4-7741-9113-3 C3055
Printed in Japan

■お願い
　本書に関するご質問については、本書に記載されている内容に関するもののみとさせていただきます。本書の内容と関係のないご質問につきましては、一切お答えできませんので、あらかじめご了承ください。また、電話でのご質問は受け付けておりませんので、FAX か書面にて下記までお送りください。
　なお、ご質問の際には、書名と該当ページ、返信先を明記してくださいますよう、お願いいたします。

宛先：〒162-0846
　　　東京都新宿区市谷左内町21-13
　　　株式会社技術評論社　書籍編集部
　　　「はじめての電子回路」質問係
　　　FAX：03-3267-2271

ご質問の際に記載いただいた個人情報は質問の返答以外の目的には使用いたしません。また、質問の返答後は速やかに削除させていただきます。